// Equipo de marketing digital y comunicación de Cuatroochenta

Raquel Benages Vicente

Laura Pérez Codorniu

Marc Sabater Arcís

Mailén Castro Molina

David Hernández Beltran

ISBN: 978-84-09-03061-3

/ÍNDICE

1. PRÓLOGO

Invertimos muchas energías, recursos y presupuesto en el desarrollo de una app; especialmente en la conceptualización, en el diseño y en la programación. Tantas que, en demasiadas ocasiones, nos quedamos sin aliento para el momento más importante en la vida de una aplicación móvil: su lanzamiento, su conexión con el público para el que ha sido concebida y su dinamización para mantenerlo fidelizado. Después de siete años de experiencia desarrollando apps propias y ad hoc para clientes de 14 países, en Cuatroochenta hemos desarrollado una metodología práctica y eficaz para que una app pueda tener éxito. No es una garantía, pero sí una condición de posibilidad; si no nos ponemos a ello de una forma sistemática será prácticamente imposible que nuestra app logre descargas de forma significativa y recurrente.

Los profesionales del equipo de marketing y comunicación de Cuatroochenta hemos hecho el esfuerzo de recopilar, ordenar y actualizar esa estrategia de lanzamiento, promoción y monitorización de aplicaciones móviles, las acciones que comporta y las herramientas que utilizamos, para compartirla con cualquier empresa o profesional interesada en sacarle el máximo partido a su aplicación. Este manual es un documento vivo, que cobra todo su sentido al aplicarlo a casos concretos, y que actualizaremos conforme encontremos cambios significativos en nuestro entorno y metodología. Esperamos sinceramente que te sea útil y nos ayudes a mejorarlo*.

Castellón, octubre de 2018

*Contacto para sugerencias: **info@cuatroochenta.com**

2. INTRODUCCIÓN: LANZAMIENTO Y POSICIONAMIENTO DE APPS

Tras el *boom* inicial de las aplicaciones móviles, el mercado ha comenzado a saturarse y cada vez es más difícil hacerse un hueco. En 2017, las principales tiendas contaban con más de 7,7 millones de aplicaciones: 3,3 millones en App Store y 4,4 en Google Play.

A pesar de que muchas de ellas son aplicaciones zombies (aplicaciones que, en su día, se publicaron pero ningún usuario las ha instalado o ha vuelto a abrirlas desde el día de su instalación) hemos de tener en cuenta que sólo en España hay 27,7 millones usuarios activos de apps que tienen instaladas una media de 17,8 aplicaciones en su *smartphone* y unas 11.4 en su tablet. Según el informe de 2017 de App Annie sobre descargas de aplicaciones a nivel mundial, el usuario dispone de una media de 80 aplicaciones instaladas en su teléfono inteligente y hace uso de aproximadamente la mitad de ellas cada mes.

Con estas cifras queda claro que no es fácil encontrar un hueco para que una aplicación triunfe. De ahí que tanto su lanzamiento como su posicionamiento sea, desde hace tiempo, un tema vital a la hora de medir el éxito o fracaso de la aplicación.

Elementos como la visibilidad en los *markets* (estrechamente relacionado con las búsquedas orgánicas), la implementación de los códigos de analítica para el seguimiento y optimización de campañas o la correcta definición de los objetivos que se pretenden conseguir con el lanzamiento de la aplicación son, muchas veces, tenidos en cuenta una vez se ha creado y lanzado la aplicación. Esto conlleva que las correcciones necesarias sean en numerosas ocasiones costosas o irreversibles, como ocurre con el registro de datos por parte de Google Analytics.
Por todo ello se confecciona este manual. Este documento tiene como objetivo ser una recopilación cronológica y razonada de los pasos que se han de dar durante el proceso de creación, lanzamiento y posicionamiento de una aplicación en el mercado de forma que no solo se contribuya a su éxito sino que también conlleve una optimización de los recursos.

Un proceso que comienza con la conceptualización de la idea, que implica un recorrido de diseño, desarrollo y puesta en marcha, hasta llegar al lanzamiento, la evaluación y el análisis de los resultados obtenidos.

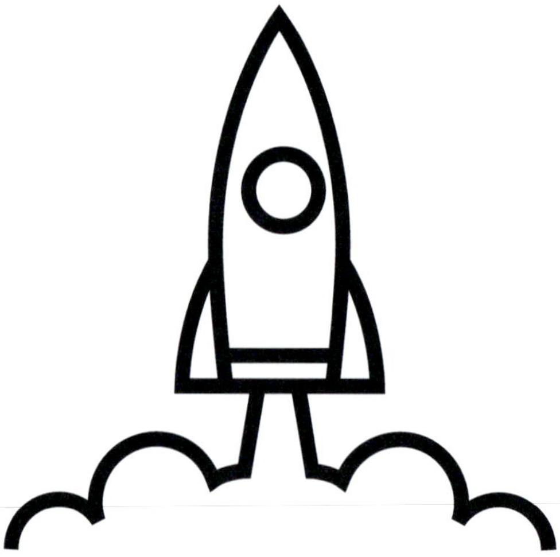

3. ANTES DEL LANZAMIENTO

¿Necesitas realmente una app? Parece una obviedad pero la pregunta es obligada. Reflexionar previamente sobre si una aplicación es el mejor canal para materializar tu idea y alcanzar los objetivos es el punto de partida que ayudará a arrancar el proyecto con garantías.

Por ejemplo, ¿te has preguntado por qué una app y no un sitio web adaptado a móvil? Antes de lanzarte a la conceptualización y desarrollo app debes haber despejado todas las dudas. Poner el foco en tu empresa, negocio o cliente te ayudará a hacerlo.

Quizá tienes en mente una aplicación, pero crear una web o *landing* adaptada a dispositivos móviles de forma que se mejore el tiempo de carga y la usabilidad podría ser más adecuado que el desarrollo de una app. Ésta acostumbra a ser la mejor opción cuando el objetivo es captar nuevos usuarios o potenciales clientes.

Pero si por el contrario lo que buscamos es un canal de comunicación interactivo, de rápido acceso, capacidad y rendimiento (una aplicación ya descargada tiene una accesibilidad muy superior a la del sitio web móvil y mejor velocidad de carga) la mejor opción es una aplicación. La app es el canal más enfocado hacia la fidelización y dinamización de los usuarios, además de ser el complemento perfecto a la página web dentro de la estrategia de marketing.

3.1 Idea

Por norma general, una aplicación móvil siempre ha de tener un fin productivo. Es decir, una idea puede ser muy buena pero poco efectiva, ya sea por su naturaleza infructuosa o por un planteamiento de desarrollo erróneo.

Es necesario que el cliente, seas tú mismo o un tercero, tenga una visión global de lo que implica desarrollar una aplicación, los factores a tener en cuenta y los posibles problemas que puedan surgir. Esto te ayudará a sentar las bases del proyecto y, sobre todo, a asegurar desde el primer momento su viabilidad.

A la hora de crear una aplicación es clave tener definidos los siguientes aspectos:

- **Propósito**: conocer el fin u objetivo de la aplicación. ¿Qué hace esta app? ¿Qué necesidades o problemas resuelve? Estas serían algunas de las funciones más comunes:
  - Gestionar productos (*stock*) y venderlos, reservarlos o alquilarlos de forma online.
  - Chat acotado a las necesidades del sector, u ofrecer una atención directa, clara y personalizada.
  - Herramientas integradas para calcular, por ejemplo, presupuestos, rutas de transporte cortas, comparar servicios...
  - Listados de eventos, contactos, promociones...
  - Gestión de información empresarial a tiempo real, datos relevantes, gráficos...
  - Acceso a información, datos personales, tarifas...
  - Geolocalización.

  - Utilización de juegos para mejorar tareas cotidianas (gamificación) como estudiar, trabajar o realizar todo tipo de tareas de forma más eficiente y divertida.
  - Control y adquisición de objetivos, *crowdfunding*, peticiones globales de entre otros.
  - Redes sociales especializadas en un mercado concreto y especializado.
  - Todo tipo de monetización y promoción utilizando los móviles como canal de venta.

- **Utilidad**: pregúntate qué ofrecerá tu app a los usuarios, de qué manera les facilitará su día a día y qué necesidades cotidianas les ayuda a resolver. La clave del éxito de una app, como de cualquier producto del mercado, es que resuelva una necesidad.

- **Categoría:** una vez sepas el propósito de la aplicación podrás definir mejor dentro de qué categoría se engloba (y confirmar que el propósito de la aplicación tiene sentido): entretenimiento, utilidad, educativas, sociales... Más adelante comentaremos de forma detallada qué categorías existen dentro de ambas plataformas.

- **Funciones/interactividades de la aplicación:** definir, aunque sea de forma simple, qué apartados quieres que tenga la aplicación así como el número de pantallas y las funcionalidades concretas. Esto incluye el diseño UX (experiencia de usuario), el diseño UI (diseño de interfaces) y el IXD o diseño de interacción, de los cuales hablaremos más adelante.

  Por otro lado, también se han de tener en cuenta aquellos servicios que quieras implementar en tu app y que afectarán, de forma u otra, al usuario: sistema de gestión de usuarios, compras *In-App*, publicidad integrada o notificaciones *Push*, entre otros.

- **Elemento diferenciador:** ¿qué te diferencia del resto de la competencia? Una buena idea no sirve si es igual a las que ya existen en el mercado. Es importante que a la hora de pensar en tu app encuentres aquello que la hace diferente. Dependiendo de las características del servicio o producto que vaya a ofrecer la app, de tu propuesta de valor y su diferenciación frente a la competencia te podrás decantar por una estrategia u otra.

- **Tipo de público al que se dirige:** al igual que es importante definir el *qué* (objetivo/función de la aplicación) es importante definir el *quién*. Debes conocer el target de la aplicación que vas a crear: niños, jóvenes, adultos varones entre 25 y 55, etc., y estudiar su comportamiento en relación a la utilidad de la app.

- **Recurrencia:** el concepto de recurrencia está fuertemente ligado al de fidelización. Un usuario recurrente es un usuario fiel, de los que regresan para interaccionar con la aplicación. Con independencia de cuál sea la esencia de una aplicación, sesiones duraderas y recurrentes indican de manera inequívoca el interés generado.

- **Origen:** básicamente, se trata de saber si es un proyecto nuevo o si ya existe alguno similar y se está hablando de una secuela, continuación o segunda parte.

- **Plataformas o sistemas operativos requeridos:** a nivel operativo es importante definir las plataformas en las que quieres publicar tu aplicación: iOS, Android, etc. Esto también implica definir el formato: *smartphone* o tablet, *wereable*, etc.

- **Objetivos a nivel de comunicación:** además del propio objetivo de la aplicación es importante que definas de forma casi paralela tu estrategia de comunicación, ya que factores como el posicionamiento en buscadores o la consecución de objetivos ha de tenerse en cuenta desde casi el mismo momento de la concepción de la idea.

- **Mantenimiento:** una aplicación es un elemento vivo, no se trata de publicarla y listo, por eso además del desarrollo y lanzamiento deberás tener presente que la app requerirá mantenimiento para que esté actualizada tanto en programación como en contenidos.

- **Escalabilidad:** hablamos nuevamente de previsión; la escalabilidad se refiere a la capacidad que tenga la aplicación de responder ante el crecimiento de nuevos usuarios. Capacidad que debe estar contemplada desde el diseño.

3.2 Elección del nombre

Con la elección del nombre se empiezan a buscar los factores diferenciales clave, y acabará siendo una guía para desarrollar otros aspectos diferenciadores como el diseño o las funcionalidades. El nombre está ligado al título de la aplicación (generalmente son coincidentes), y lo más recomendable es que incluya la marca y/o alguna palabra clave descriptiva.

Un buen nombre de aplicación debe cumplir 3 características:

- **Breve:** los *marketplaces* fijan límite de caracteres para el nombre. De hecho, cuando una app aparece en resultados de búsqueda se muestran los 30 primeros caracteres, por lo que es importante buscar un nombre corto y conciso. En Google Play y App Store el límite son 50 caracteres.
- **Sencillo:** para aumentar la efectividad, debe ser sencillo de recordar, de buscar y encontrar, además de ser original. Evita el uso de caracteres especiales.
- **Optimizado:** el uso moderado de palabras clave en el nombre puede ayudar al posicionamiento. Trataremos más tarde cómo optimizarlo de la mejor manera.

A la hora de elegir un nombre, se debería pensar en el plano internacional, por las posibles descargas en otros países, y revisar si tiene un significado positivo o negativo en los países donde se pretenda tener actividad comercial. En el caso de las aplicaciones móviles, el desarrollador se encuentra ante varias posibilidades: elegir un nombre descriptivo de la actividad, o uno de nueva creación, usando la creatividad o la fantasía.

Ejemplo de nombre de app creativo:

Ejemplo de nombre de app descriptivo:

Ambas opciones tienen sus pros y contras: cuanto más se acerque el nombre a la descripción de la actividad de la app, será más fácil que los potenciales clientes la descarguen, pero si la app tiene éxito, y ese es el objetivo, será más difícil diferenciarse de la competencia. Además, actualmente el mercado de las apps está muy maduro y ya existen múltiples apps con descripciones parecidas. Por otra parte, cuanto más apostemos por nombres creativos, más sencilla resultará la protección como marca, y más fácil será diferenciarse de los competidores.

La mejor opción es que el nombre de la aplicación sea una combinación de ambos.

Ejemplo de nombre combinado:

3.3 Registro de la marca y dominios

Un paso imprescindible, que suele pasar desapercibido y que en ocasiones no se realiza, es el registro de la marca, logotipo y nombre comercial para que no pueda ser usado por terceras personas. En muchos casos esto ya vendrá dado por el propio registro de la marca comercial que crea la app, pero si te encuentras en el caso de una nueva marca, se debe seguir todo el proceso.

Para el registro deberás acudir a la Oficina Española de Patentes y Marcas (OEPM), o a la Oficina de Armonización del Mercado Interior (OAMI) para una marca dentro de la Unión Europea.

A un nivel muy general, los pasos a dar para proteger la marca son los siguientes:

1. Revisar si la marca que quieres registrar está ya en uso.
2. **Clasificar** correctamente la marca bajo la Clasificación de Niza. Generalmente, las apps y el software informático se incluyen en la clase 9.
3. Decidir el área de registro de la marca: los países individualmente otorgan las licencias de marca, aunque existe la opción de registrarla a nivel comunitario o mundial, con el consiguiente aumento de coste.
4. Presentación de la documentación.
5. Periodo de examen de forma y presentación de oposiciones al registro.
6. Resolución.

El plazo para completar todo el proceso puede ir de los 3 a los 15 meses, dependiendo del país.

Una vez tengas registrado el nombre de la app, también te debes hacer con los dominios asociados a esa marca. Para registrar un dominio puedes usar servicios como Arsys o DonDominio.

Junto con el nombre de la aplicación debes ocuparte también del nombre con el que el desarrollador se va a identificar en el mercado de las apps. Según el comportamiento del usuario, cuando prueba una aplicación y le gusta, busca más aplicaciones del mismo creador. El hecho de escoger un nombre atractivo y original ayudará sin duda a popularizar tus creaciones.

Para proteger a ambos, el nombre de la aplicación se debería registrar como marca, y el nombre del desarrollador como nombre comercial. Se trata de poder probar que en una determinada fecha nadie más que su autor afirmaba haberla creado. Una de las vías para conseguir esa protección es la inscripción de la obra en el Registro de la Propiedad Intelectual, donde hay un formulario específico para los programas de ordenador.

4. ANÁLISIS DE LA COMPETENCIA Y USUARIOS

4.1 Benchmarking

Para orientar lo mejor posible tu proyecto app es clave identificar su funcionalidad principal para analizar y comparar otras aplicaciones que están aportando soluciones similares, aunque pertenezcan a sectores diferentes. Algunos ejemplos:

- Vas a lanzar una app para que los estudiantes de instituto gestionen sus clases, y un punto fundamental es animarles para que la usen. Deberías fijarte en las aplicaciones líderes entre los jóvenes (Snapchat, Tumblr, Instagram) para detectar qué elementos las hacen atractivas (usabilidad, interfaz...).
- Vas a lanzar una app para que los clientes de tu farmacia puedan hacer pedidos online. Si el pedido y el reparto es el punto fuerte puedes fijarte en los líderes de estas características (Amazon, Domino's Pizza...) para ver qué están haciendo y cómo puedes aplicarlo a tu app y tus procesos de reparto y pedido.
- Eres una empresa emergente en un sector muy competitivo y quieres incorporar una sección de ofertas de lanzamiento y cupones descuento a tu app para incentivar el registro y retener a los usuarios. Hay sectores donde el incentivo con promociones para la captación y la retención de usuarios es muy frecuente, como es el de los casinos y apuestas. Deberías revisar las estrategias de empresas como Bet365 o Luckia respecto a la captación y retención de usuarios, y ver si alguno de estos procesos es extrapolable a tu aplicación móvil.

4.2 Identificación de competidores y público objetivo

Son muchas las aplicaciones que salen cada año, por lo que al lanzar una nueva debes echar un vistazo al mercado para identificar cuáles van a ser tus competidores. Analizar a tus competencia te permitirá definir una mejor estrategia ASO, por sus siglas en inglés (*App Store Optimization*) para aumentar la visibilidad en las tiendas de aplicaciones y acabar mejorando tu app.

En primer lugar, debes identificar las empresas que tengan una app que ofrezca una propuesta de valor igual o muy parecida a la tuya y elaborar un archivo sencillo con información tipo: tamaño, empleados, mercados donde operan, con qué recursos cuentan... eso te dará una buena base para ver el mercado y la capacidad que tienes para competir. Para este estudio podemos usar herramientas como LinkedIn o Crunchbase.

Una vez tengas clara la lista de competidores, debes revisar qué están haciendo en el espacio de las stores. Dependiendo del tipo de aplicación que pretendas lanzar al mercado, de los territorios que vayas a cubrir, del presupuesto disponible... los KPI (*Key Performance Indicator*), es decir, los indicadores de rendimiento que permitirán comparar y analizar a la competencia, variarán, pero hay algunos básicos que no debes perder de vista.

4.2.1 Palabras clave

Debes empezar con las palabras clave, conocidas también como *keywords* (términos o frases clave que utiliza el usuario potencial para encontrar una app), que está usando la competencia y la posición en los diferentes rankings. Para eso puedes usar diferentes herramientas como App Annie, Sensor Tower, Apptopia... Veamos un ejemplo con Sensor Tower, aunque todas son bastante similares:

Sensor Tower tiene una sección de análisis competitivo en la que puedes introducir el nombre de cualquier app y evaluar las *keywords* que están usando, su posición en las tiendas de las aplicaciones y los rankings por país. Esto es muy útil, ya que puedes ver en qué países se concentran y con qué palabras, y si coinciden con las que pretendías hacerlo. Debes usar esa ventaja competitiva para ajustar tus presupuestos de publicidad e invertir más o menos dinero y esfuerzo donde tengas mejores retornos desde el principio.

All Keywords + Select

Filter keywords +Add New Keyword Download Reports

Search Term	Traffic	iPhone Difficulty	iPad Difficulty	iPhone Apps	iPad Apps	iPhone Rank	iPad Rank
averia	**3.1**	**1.4**	**0.3**	**59**	**38**	**8**	**4**
empresa	4.6	3.0	2.2	14,374	673	411	71
eviterno	2.0	0.0	0.0	0	0	-	-
gestion	3.6	2.9	2.9	2,345	1,842	56	71
herramienta	3.1	4.1	3.6	895	789	56	119
hotel	6.2	2.6	3.2	25,234	18,247	213	672
incidencia	3.6	1.8	2.1	66	32	-	-
juego	6.4	4.2	4.3	135,927	129,535	-	-
mantenimiento	3.6	1.9	0.7	248	175	3	5
melifluo	3.3	0.0	0.0	0	0	-	-
myinks	0.0	0.0	0.0	0	0	-	-
negocio	3.3	1.4	2.1	779	619	35	78
prolinks	1.0	0.0	0.0	0	0	-	-
sistema	3.9	2.7	2.5	11,821	8,413	107	197
software	4.6	4.5	4.4	44,622	22,596	321	452
whastapp	3.7	2.5	4.2	504	354	25	10

"Un truco muy sencillo para ver la información de tus competidores en diferentes países es variar el parámetro final de la URL de Play Store con el código ISO del país: https://play.google.com/store/apps/details?id=-com.sefici.app&hl=XX. De esta manera puedes ver la descripción en los diferentes lugares. Simplemente debes añadir el código y sustituir las dos X que aparecen al final del enlace anterior. Existen buscadores en los que puedes consultar los códigos de país según la norma ISO 3166."

Debes guardar toda la información de las *keywords* usadas, ya que luego te será útil para tu estrategia ASO y SEO, por sus siglas en inglés (Search Engine Optimization) que se refiere al posicionamiento orgánico en motores de búsqueda.

Una vez hayas revisado qué palabras clave usan tus competidores en los diferentes países donde quieres actuar, vas a revisar qué volúmenes de descarga están generando. Apptopia, por ejemplo, tiene una herramienta donde puedes ver esta información. La cantidad de descargas en el tiempo es un indicador de efectividad de las campañas que puedan estar desarrollando.

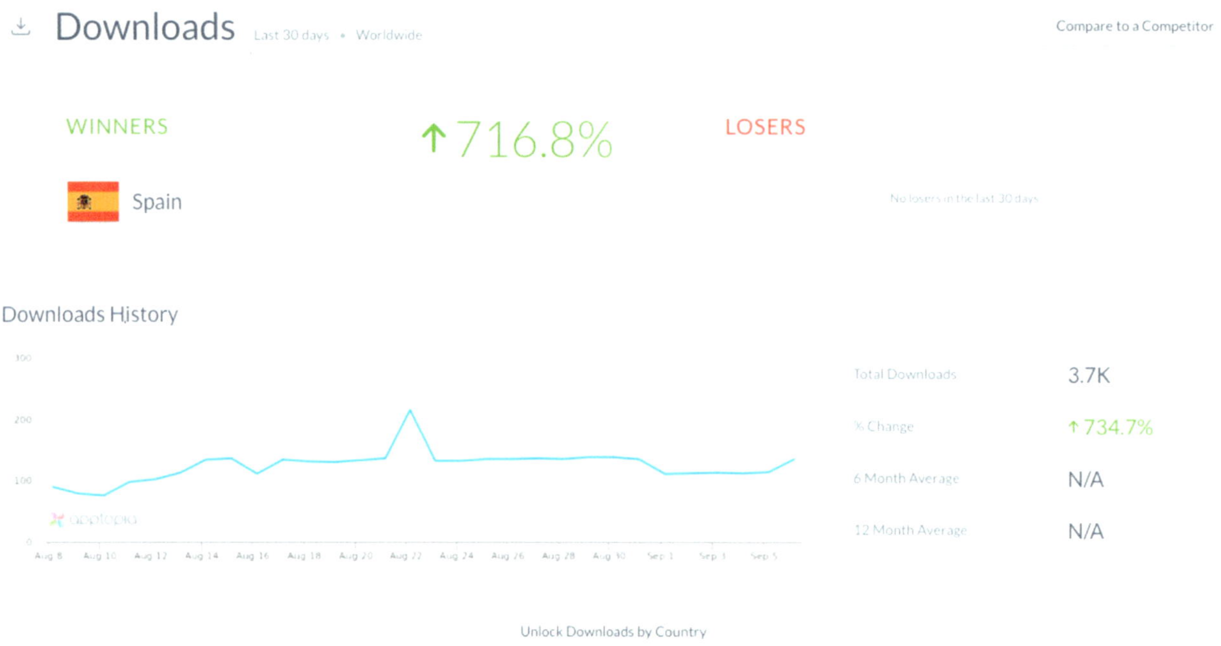

4.2.2 Usuarios activos

Otro factor importante es el uso de las apps de los competidores. Es decir, de nada te vale tener muchas descargas o estar arriba en los rankings si las apps no son usadas frecuentemente, o si son desinstaladas rápidamente. Las métricas que interesan aquí son el DAU (*Daily Active Usage*) y el MAU (*Monthly Active Users*), que indican el número de usuarios únicos que han interactuado con tu aplicación en un espacio de tiempo determinado. Por ejemplo, Apptopia muestra esta información en sus estadísticas

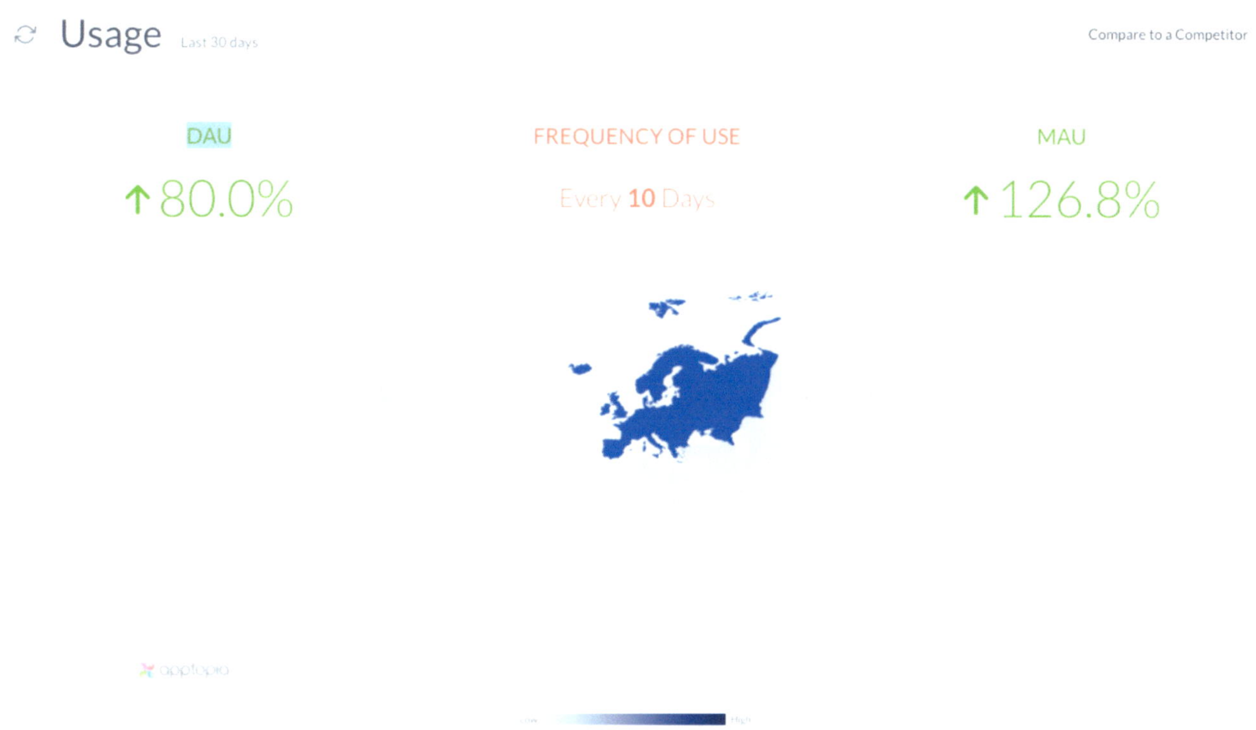

Debes por tanto fijarte en los competidores que tienen mayores MAU y DAU, en qué países y preguntarte por qué.

4.2.3 Valoración de los usuarios

Lo último que puedes revisar respecto a tus competidores son las valoraciones que tienen en las stores. Deberás hacerlo directamente buscando las apps, aunque algunas de las herramientas anteriormente mencionadas tienen opción de análisis. También hay herramientas como appbot que están especializadas en proporcionar esta información. Puedes ver qué opinan los usuarios o el nivel de servicio de la competencia.

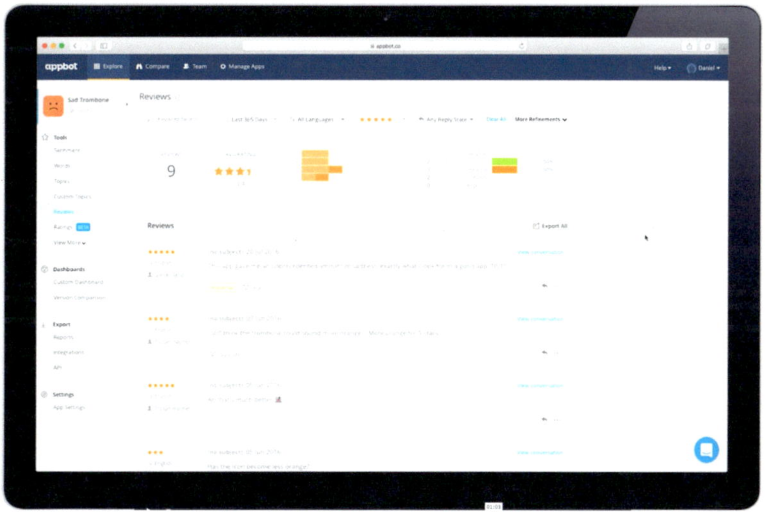

4.2.4 Comportamiento del mercado

Después de analizar los competidores en particular, debes echar un vistazo al mercado en general. Para ello tendrás que fijarte en las categorías y en los países (hablaremos luego de las categorías en las stores). Por ejemplo, Sensor Tower tiene un ranking de la actividad por tienda, donde podrás ver a los líderes de la categoría elegida (en este pantallazo, Finanzas en España).

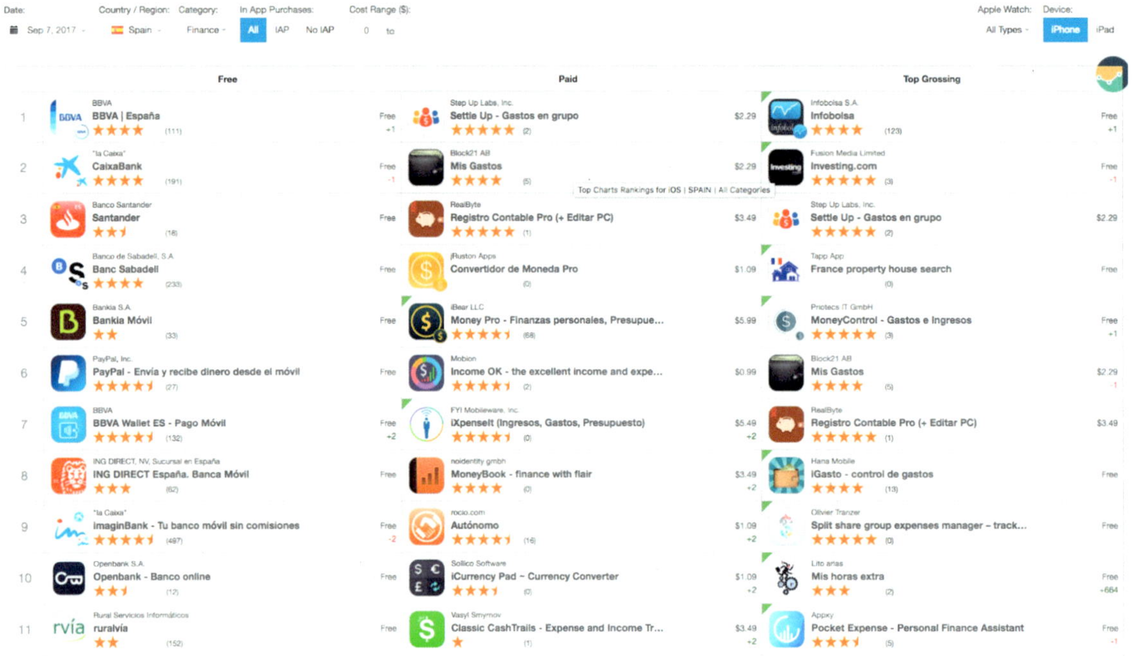

De nuevo, cabe un análisis de estas empresas, para detectar fortalezas y oportunidades que puedas incorporar a tu app.

Para realizar este análisis necesitarás herramientas de inteligencia de mercado, como Apptopia, Sensor Tower, App Annie o Mobylizer que te permitan analizar las stores con información y KPIs.

5. TIPOS DE APLICACIÓN

Una vez analizada la competencia deberás centrarte en tu aplicación móvil. ¿Será accesible para todo el mundo o mejor para unos pocos?, ¿cómo categorizarla?

5.1 Pública o privada

Cuando se habla del modelo de distribución de una app, existen dos tipos: apps de distribución pública y apps de distribución privada.

Lo que diferencia ambos tipos de aplicaciones es el acceso que el usuario final tiene a ellas. Mientras que una app pública o de distribución libre se puede alojar en cualquier tipo de tienda (App Store o Google Play), y cualquier usuario puede acceder a ella; una app *Enterprise* o de distribución privada suele ser de tipo corporativo y su acceso es restringido.

La distribución pública suele representar el modelo clásico de lanzamiento de la mayoría de las aplicaciones. Es una forma de presentar tu app al mundo y que los usuarios puedan acceder a ella a través de las plataformas existentes, ya sea de forma gratuita o mediante pago.

En el caso de las aplicaciones de tipo *Enterprise* (también llamadas de distribución *in-house*), su uso es privado y suele ser utilizada de forma interna por los empleados de una empresa o miembros de una compañía. Como hemos comentado anteriormente, este tipo de aplicaciones no se publican a través de App Store o Google Play. En su lugar, suelen alojarse en un servidor web privado para que el usuario acceda a ellas y se las descargue e instale de forma manual en cada uno de los dispositivos en los que se vaya a utilizar.

5.2 Diferencias entre iOS y Android: cuentas de desarrollador

Para publicar una aplicación es necesario tener una cuenta en App Store y otra en Google Play, dependiendo de la plataforma en la cual se quiera publicar. En función de si la aplicación es de distribución pública o privada, hay que crear un tipo de cuentas u otras.

Si has decidido que la app se publique en todo el mundo, deberás crear una cuenta de desarrollador tanto en iOS como en Android.

- **Apple Developer Program:** es la opción de iOS, la cual tiene un coste de 99€ al año y ofrece, entre otras funciones, la posibilidad de publicar un número ilimitado de apps en los distintos dispositivos iOS, tales como iPhone o iPad.
- **Google Play Developer Console:** es la opción que ofrece Android. En el caso de Google Play, la creación de la cuenta de desarrollador es un pago único de unos 25$ y también permite la publicación de un número ilimitado de aplicaciones sin coste adicional.

Si quieres que la app sea de distribución privada, el funcionamiento es distinto:

- **iOS:** deberás contratar la licencia Apple Developer Enterprise Program, la cual tiene un coste de 299$ al año, y está orientada al desarrollo de aplicaciones corporativas privadas, permitiendo a la empresa publicar de forma privada sus aplicaciones y que estas sean instaladas en los dispositivos de los empleados. Es necesario generar una nueva versión anualmente, ya que los certificados de estas apps tienen un año de caducidad y al prescribir esa versión deja de funcionar.
- **Android:** en este caso no es necesario crear ninguna cuenta de desarrollador, ya que una app de Android puede instalarse en cualquier dispositivo sin necesidad de estar publicada en Google Play. Solo en caso de querer que esta sea pública se deberá crear la cuenta de desarrollador.

5.2.1 ¿Cuál elegir?

En la siguiente tabla reflejamos las diferencias más significativas entre estos dos tipos de apps en base a las posibles características que puede tener tu aplicación final.

	app de distribución pública	app de distribución privada
Usabilidad móvil	✓	✓
Personalización de diseño	✓	✓
Visibilidad en las tiendas de apps	✓	✕
Restricción de descarga	✕	✓
Actualizaciones automáticas de las versiones	✓	✕
Actualizaciones de contenido	✓	✓
Notificaciones Push	✓	✓
Integración CDS	✓	✓
Integración con Analytics	✓	✓
Monetización app	✓	✕
Compras in app	✓	✕

Si la idea de la aplicación a desarrollar es que esté a disposición de todo el mundo y buscas obtener ingresos, sin duda tu apuesta debe ser por una app de distribución libre.

En el caso de que desees una app interna corporativa para los empleados de una empresa o que se utilice en determinados establecimientos por los clientes, como es el caso de un hotel o restaurante, la mejor opción será una app privada.

5.3 Categorías

Siguiente paso: elegir la categoría. Existen millones de aplicaciones móviles en las principales stores, por lo que dar visibilidad a la tuya en un mercado tan competitivo no es tarea fácil. Se trata de un reto importante que te encontrarás al iniciarte en el sector. Escoger la categoría en que quieres situar tu aplicación para que los usuarios puedan descubrirla es uno de los primeros progresos a seguir. Y ten en cuenta que cada tienda de aplicaciones tiene definidas una serie de categorías:

Categorías y subcategorías en App Store:

Libros		Revistas y periódicos ↓		Foto y v´deo	
Economía y empresa		Arte y fotografía	Automoción	Productividad	
Catálogos		Novias y bodas	Negocios e inversiones	Referencia	
Educación		Revistas infantiles	Informática e internet	Compras	
Entretenimiento		Cocina, comida y bebida	Artesanía y aficiones	Redes sociales	
Finanzas		Electrónica y audio	Entretenimiento	Deportes	
Comida y bebida		Moda y estilo	Salud, mente y cuerpo	Stickers ↓	
Juegos ↓		Historia	Hogar y jardín	Animales y naturaleza	Arte
Acción	Aventura	Revistas literarias y científicas	Para hombres	Celebraciones	Famosos
Arcade	juegos de mesa	Cine y música	Noticias y política	Cómics y dibujos animados	Comida y bebida
Cartas	Casino	Aire libre / naturaleza	Padres y familia	Emojis y expresiones	Moda
Dados	Educación	Animales domésticos	Profesional y comercio	Juegos	Niños y familia
Familiar	Música	Noticias regionales	Ciencia	Películas y televisión	Música
Puzle	Carreras	Deportes y ocio	Adolescentes	Gente	Lugares y objetos
Juegos de rol	Simulación	Turismo y viajes	Para mujeres	Deportes y actividades	
Deportes	Esytrategia	Música		Viajes	
Trivia	Palabras	Navegación		Utilidades	
Salud y forma física		Noticias		Tiempo	
Estilo de vida					

Categorías en Google Play:

Arte y diseño	Coches y vehículos	Belleza
Libros y obras de consulta	Economía	Cómics
Comunicaciones	Ligar	Educación
Ocio	Eventos	Finanzas
Alimentación y bebidas	Salud y fitness	Hogar
Bibliotecas y demos	Estilo de vida	Mapas y navegación
Medicina	Música y audio	Noticias y revistas
Crianza de los hijos	Personalización	Fotografía
Deportes	Herramientas	Viajes y guías
Editores y reproductores de vídeo	Tiempo	

Según la guía ASO 2017, elaborada por Tribal, Pickaso, iab y TheTool, las categorías más populares dependiendo del dispositivo son las siguientes:

Septiembre 2017

iOS App Store

TOP CATEGORÍAS APP STORE

MÁS DESCARGAS	MÁS INGRESOS	NUEVAS APPS
Photo & Vídeo	Medicina	Economía y empresa
Entrenamiento	Acción	Educación
Redes sociales	Estrategia	Estilo de vida
Acción	Música	Utilidades
Música	Juegos de rol	Entrenamiento

Google Play

TOP CATEGORÍAS GOOGLE PLAY

MÁS DESCARGAS	MÁS INGRESOS	NUEVAS APPS
Comunicación	Juegos de Estrategia	Entrenamiento
Juegos casual	Juegos casual	Música y Audio
Herramientas	Juegos de rol	Libros y obras de consulta
Fotografía	Juegos de arcade	Educación
Música y Audio	Juegos de carreras	Estilo de vida

Pero no te dejes influenciar por ellas, simplemente tómalas como referencia. Debes pensar detenidamente en qué categoría encaja mejor tu aplicación y cómo los usuarios la buscarán para poder posicionarla en el mercado de las apps.

6. SISTEMAS DE MONETIZACIÓN

Sea de la tipología que sea, la app puede servirte como una gran herramienta de marketing para tu negocio; pero también puede resultar una fuente de ingresos importante. Así que es esencial que tengas claro el objetivo de tu app y qué valor le va a aportar al usuario para poder trazar una estrategia con el fin de monetizar. A continuación detallamos algunas vías de monetización:

6.1 Apps Freemium

También conocidas como apps con compras *In-App*, app *Purchase* o pagos *In-App*. Se trata de aplicaciones de descarga inicial gratuita pero que integran elementos de pago que el usuario puede adquirir para obtener más servicios o funcionalidades dentro de la propia aplicación. Es decir, el usuario no paga al descargar la aplicación, la puede usar gratuitamente y si una vez que la ha probado quiere tener contenido adicional o sin publicidad tiene que pagar por ello. Por ejemplo, los juegos móviles: jugar no tiene coste, pero las funcionalidades son limitadas; deberás pagar para obtener complementos y mejorar tu perfil. Otro caso son las apps de determinados medios de comunicación; el lector debe pagar para poder acceder al contenido completo, exclusivo o más elaborado.

6.2 Apps gratuitas con publicidad *In-App*

Hace referencia a las aplicaciones que son, como en el caso anterior, de descarga gratuita pero que muestran anuncios en su interior. Se trata de una estrategia muy común en la que cada vez que el usuario accede al anuncio a través de la aplicación, el proveedor de la misma obtendrá una cantidad de dinero determinada (dependiendo de la tasa de coste por clic que se haya fijado o por el número de impresiones). Es una práctica muy usual que funciona bastante bien en las aplicaciones con gran cantidad de descargas.

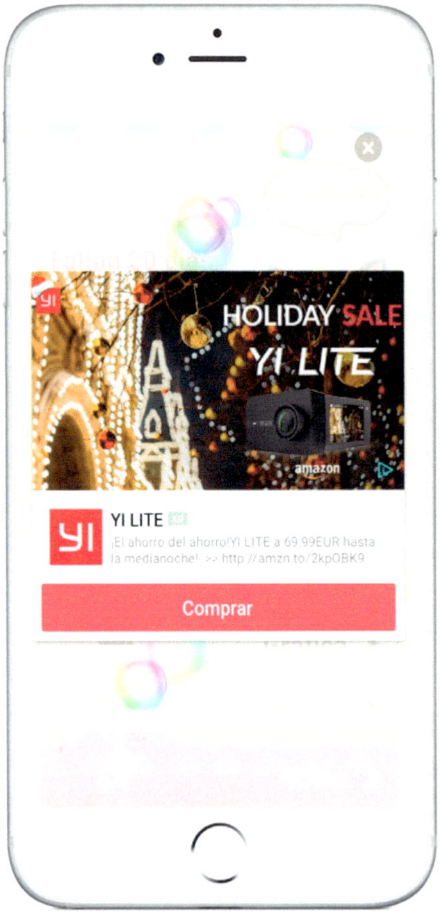

6.3 Apps gratuitas de prueba

Con las aplicaciones de prueba se busca promocionar la app. Es decir, se trata de apps de descarga gratuita que tienen un uso temporal; por ejemplo, la puedes tener 15 días para disfrutarla y, transcurrido ese periodo, si quieres seguir utilizándola deberás pagar por ella. Lo que se pretende con este modelo de monetización es crear una expectación al usuario para que vea todo el potencial de la app y motivar la compra una vez la haya probado durante un tiempo. Suelen ser promociones puntuales que hacen los profesionales del marketing a determinados usuarios para captar su atención.

6.4 Apps de pago

Como su propio nombre indica, son aplicaciones que requieren de un pago previo para poder descargarlas e instalarlas. El importe irá en función del servicio que ofrezca la app. Si estás pensando en que tu app sea de pago, deberás tener en cuenta la competencia que hay en el mercado; ya que los usuarios no suelen pagar por descargar aplicaciones a no ser que ofrezcan ventajas muy claras o funcionalidades muy avanzadas. Es importante que te asegures de que tu app ofrecerá un valor añadido lo suficientemente útil para el usuario.

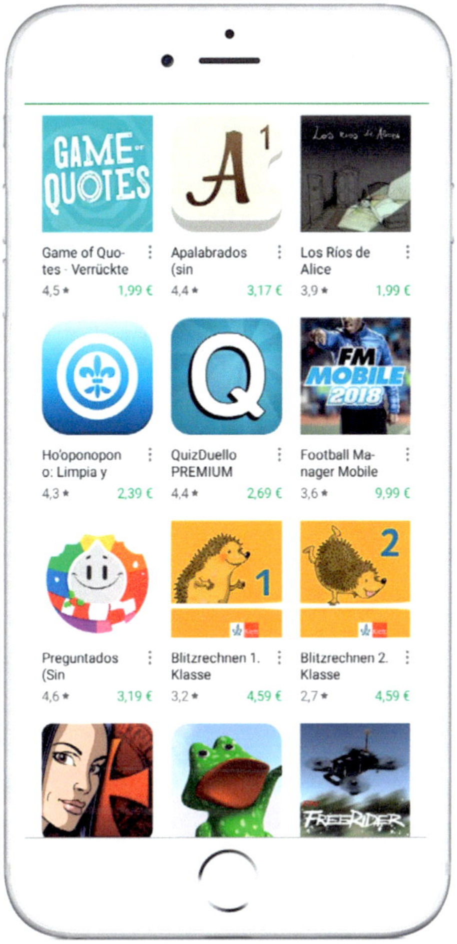

6.5 Suscripción

Por medio de este tipo de modelo, el usuario deberá pagar una cuota determinada de forma periódica; ya sea mensualmente, al trimestre o anualmente. Mediante el pago, tendrá acceso a un servicio específico. Para realizar esta técnica exitosamente es importante conocer el *target* de la app y trazar unos precios acordes para responder a sus necesidades.

Como has podido comprobar hay diversas opciones para monetizar una aplicación móvil. La clave es elegir la vía/s de monetización que más te convenga teniendo en cuenta las características del público objetivo y las funcionalidades que ofrece tu app.

7. POSICIONAMIENTO ASO

Aparte de decidir cómo monetizar la aplicación, hay que tener en cuenta otros muchos aspectos para conseguir una mayor visibilidad. Y es que el tráfico de móviles y tablets crece progresivamente día tras día en todo el mundo.

No sirve lanzar una aplicación y esperar que la gente la descargue. El SEO ha llegado también al mundo de los dispositivos móviles y lograr un buen posicionamiento es imprescindible para tener éxito. Es esencial llevar a cabo una serie de técnicas ASO con el fin de poder posicionar tus apps en los primeros puestos de App Store y/o Google Play.

Según la guía ASP 2017, ha aumentado el uso de los buscadores para adquirir aplicaciones. Concretamente, más del 77% de los usuarios conocen nuevas aplicaciones a través de Google Play, App Store u otros buscadores.

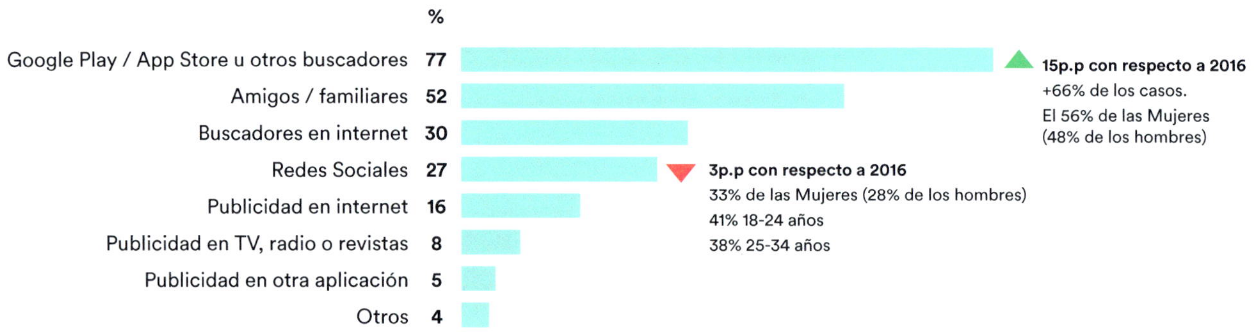

7.1 ¿Qué es el ASO?

ASO (App Store Optimization) es el proceso que se lleva a cabo para conseguir aparecer en las primeras posiciones o resultados de búsqueda en las tiendas virtuales. Se podría decir que se trata del SEO de las aplicaciones móviles. Los factores ASO son aquellos que tienen un impacto directo en la visibilidad de una app en las tiendas y su porcentaje de conversión en instalaciones.

Al igual que en el SEO, en el ASO se pueden llevar a cabo dos especialidades diferenciadas: ASO On-Metadata, equivalente al SEO On-page, y ASO Off-Metadata, equivalente al SEO Off-page.

7.1.1 Factores ASO On-Metadata

Son aquellos que se pueden controlar desde las consolas de desarrollador de Google Play y App Store:

- **Elección de *keyword*:** antes de redactar ningún contenido es esencial tener una visión de cliente y pensar con qué palabras los usuarios podrían buscar los servicios de tu aplicación. Una vez las tengas claras deberás proceder a implementar el resto de datos. Pero no olvides hacer auditorías periódicamente para saber cómo te buscan realmente tus usuarios.

- **Título:** intenta incluir en él, de forma natural, las *keywords* más relevantes para tu aplicación. No debes precipitarte con el primer nombre que te venga a la mente, ya que, como hemos explicado anteriormente, es un factor importante a tener en cuenta para mejorar el posicionamiento.
- **Descripción:** convence al usuario, ¿por qué crees que debería descargarse tu aplicación y no otras? Intenta explicar los puntos más fuertes de tu app para que destaque por encima de las aplicaciones de la competencia. Google Play le da más importancia a la descripción que App Store.
- **Icono:** lo primero que, casi seguro, verá el usuario es el icono de tu aplicación. Podría considerarse como una pequeña carta de presentación, por lo que tiene que ser una imagen atractiva. A partir del icono se trazará toda la identidad visual de la app, así que deberás crear una representación elaborada.
- **Vídeo:** realizar un vídeo de presentación de tu aplicación es muy recomendable. Esto ayudará al lanzamiento de la app y deberá llevar la misma identidad visual. Además, será de gran utilidad en las campañas de marketing online y en la relación con los medios y los *influencers*.
- **Capturas de pantalla:** intenta despertar el interés de los visitantes desligándote de la competencia. No hagas lo que los demás hacen, ve más allá. Por ejemplo, puedes introducir textos explicativos en tus capturas de pantallas o incluso contar una historia a través de ellas.
- **Categoría:** ubica tu aplicación en la categoría que mejor la defina con el fin de que los usuarios puedan encontrarla fácilmente. Si tienes dudas, puedes colocarla en más de una categoría. Para más información consulta el apartado específico en la página 17.

FACTORES ASO ON-METADATA:

- ☑ Google Play / App StoApp Name (App Store) / Título (Google Play)
- ☑ Descripción breve (Google Play)
- ☑ Subtítulo (App Store)
- ☑ Campo Keywords (App Store)
- ☑ Texto promocional (App Store)
- ☑ Descripción
- ☑ Categoría
- ☑ Nombre del desarrollador
- ☑ Histórico del desarrollador
- ☑ Icono
- ☑ Screenshots
- ☑ Imagen destacada (Google Play)
- ☑ Video preview
- ☑ URL / Package (Google Play)

7.1.2 Factores ASO Off-Metadata

Son aquellos factores ASO más difíciles de trabajar, ya que no se pueden controlar desde las consolas anteriormente citadas.

- **Popularidad y descargas:** tanto Google Play como App Store interpretan los picos de instalaciones como una señal positiva de calidad de la aplicación, por lo que a mayor número de descargas, mejor posición tendrás. La inversión en campañas es una buena forma para generar descargas y generar curvas de tendencias; el presupuesto a invertir dependerá según el tipo de aplicación y su universo potencial.

  Las instalaciones y descargas de app son el motor del posicionamiento ASO y, a su vez, el objetivo de las estrategias de posicionamiento.

- **Reseñas y puntuaciones:** un factor decisivo a la hora de descargar una app son los comentarios y las reseñas que los usuarios han hecho de la aplicación. Cuantas más valoraciones positivas tengas mejor posicionada estará tu app porque obtendrá un mayor número de descargas.

  - **Pedir al usuario su valoración:** mediante una notificación Push tus usuarios pueden recibir una invitación a que valoren la aplicación. Hay herramientas como OneSignal que te ayudarán a enviar y segmentar las comunicaciones de forma fácil. Una acción habitual y sencilla.
  - **Responder los comentarios de las *stores*:** no olvides contestar los comentarios que los usuarios dejen sobre tu aplicación. Agradéceles su valoración y contesta todas sus sugerencias. Al fin y al cabo, han dedicado su tiempo a valorar tu trabajo.
  - **Contactar con *influencers*:** plantéate contactar con influidores. Se trata de profesionales del sector o bloggers, muy activos y seguidos en redes sociales, cuya opinión positiva hacia tu app puede darle un gran empujón. Más adelante hablaremos sobre ellos.
  - **Crear una página web o una *landing page*:** difunde el contenido y toda la información de tu aplicación por medio de un portal online. Así, los usuarios podrán conocer la existencia de tu app y qué funcionalidades ofrece, factores decisivos a la hora de que decidan descargar la aplicación.
  - **Redes sociales:** es importante tener presencia también en los medios sociales. Generando contenido de interés y engagement tendrás la oportunidad de llegar antes a tu público objetivo.

Tú mismo no puedes controlar que los usuarios te dejen un comentario positivo tras la descarga de tu app, pero lo que sí que puedes hacer es incentivarlos a través de distintos canales.

FACTORES ASO OFF-METADATA:

- ☑ Volumen de instalaciones
- ☑ Velocidad de instalaciones
- ☑ Volumen de valoraciones
- ☑ Nota media
- ☑ Volumen de comentarios
- ☑ Menciones en sitios web
- ☑ Engagement usuarios (retención y desinstalaciones)

No obstante, como ocurre con el SEO, los resultados no llegan por arte de magia. Es necesario trabajo y constancia para que puedas situar tus apps en lo más alto de los rankings.

"No caigas en la generación de comentarios falsos. Son fácilmente identificables y puedes perjudicar tu reputación."

8. ANALÍTICA INTERNA DE LA APP

8.1 ¿Qué es la analítica?

La analítica son los indicadores cuantitativos y cualitativos que te ayudan a saber si estás consiguiendo los objetivos propuestos con tu aplicación móvil, pero, sobre todo, es la forma que tienes de conocer el comportamiento de tus usuarios. Entendiendo su perfil y la forma de relacionarse con ella podrás ofrecerles lo que realmente necesitan.

8.2 KPIs

8.2.1 ¿Qué es un KPI?

El KPI (Key Performance Indicator) es un indicador clave que se expresa en cifras. El dato de forma aislada no aporta valor, se trata de contemplar su evolución de forma periódica. El punto de partida es la definición del objetivo y a continuación se asocia un KPI para medir el grado de cumplimiento de dicho objetivo. La monitorización es el paso previo y necesario para la interpretación de resultados y, por último y no menos importante, la optimización. Los procesos de optimización deberían ser siempre un bucle infinito.

8.2.2 KPIs principales

- **Descargas e instalaciones:** el número de descargas e instalaciones de tu app es un primer indicador del éxito que estás teniendo en la captación de nuevos usuarios. La descarga de una app se puede incentivar con campañas de publicidad como Universal App de Adwords, pero debes analizar si los usuarios acaban registrando tu aplicación. Si no es así, revisa los anuncios y la descripción de tu aplicación en las tiendas de aplicaciones.
- **Usuarios activos:** se entiende por usuario activo aquel que ha accedido a la aplicación en un determinado periodo de tiempo. Como comentábamos anteriormente, la instalación de una app es un primer indicador de éxito, pero no sirve de nada si tus usuarios no acceden a ella frecuentemente para consultarla. Esta frecuencia dependerá de la estacionalidad, la actualización de contenido... no es algo fijo. Pero, sin duda, debes analizar si los usuarios de tu app son activos, y porqué.
    - Usuarios activos mensuales MAU
    - Usuarios activos diarios DAU
    - Desinstalaciones
- **Frecuencia de visitas y tiempo de sesión:** ¿cuántas veces los usuarios abren la aplicación e interactúan con sus contenidos? Es importante revisar la frecuencia de las visitas. Pero además es importante analizar también el tiempo que el usuario pasa dentro de la aplicación, interactuando con el contenido.

- **Pantallas/páginas vistas:** el número de pantallas que el usuario visita dentro de la app es un indicador de la profundidad de la visita. A más pantallas, más interactividad con la app. Es un concepto relativo, porque muchas pantallas también pueden significar que el usuario ha de dar muchas vueltas para encontrar lo que busca. Si quieres medir mejor la interacción con la app combina las métricas de pantallas vistas con los eventos generados en cada una: hacer clic en un botón, ver un vídeo, enviar un formulario o darle a compartir contenido en sus redes sociales.

- **Conversiones:** cuando el objetivo principal de tu aplicación es vender o convertir (una compra, un *lead*, un registro...), es necesario medir las conversiones en un momento determinado. Además de la conversión final, es importante medir el embudo de la venta (todos los pasos hasta llegar a la conversión): el *funnel*.

- **Ingresos e inversión por usuario:** si tu app está concebida para generar beneficios, hay que calcular los ingresos por usuario. Estos ingresos pueden ser por publicidad (Facebook sigue este modelo, por ejemplo) o por ventas directas de artículos o servicios (Amazon, Netflix...). Es decir, debemos calcular cuánto dinero estamos ganando por cada usuario de tu aplicación. En muchos informes y herramientas de analitica encontrarás este valor definido como el Lifetime Value, o LTV. El LTV es el valor medio de los ingresos que nos genera un usuario durante el tiempo (promedio) que es tu cliente. Existen fórmulas más complejas para calcular el LTV (incluyendo márgenes comerciales, inflación a futuro...), para negocios más complejos. Te proponemos esta como punto de partida.

Por ejemplo, tienes una tienda online donde los usuarios se gastan de media 40€ en cada compra, y sabes que compran de media 3 veces al año. Si queremos calcular el LTV de los clientes en 2 años la fórmula sería:

LTV = Gasto Medio del Cliente x Recurrencia de la Adquisición x tiempo de Vida del cliente

⇒ LTV= 40€ x 3 veces al año x 2 años = 240€.

Si quieres calcularlo de una forma más simplificada, puedes también usar la fórmula del ARPU (Promedio de Ingresos por Usuario, o en inglés Average Revenue per User), que consiste en dividir el total de ingresos por el número total de clientes de pago.

En paralelo al LTV está el CAC (Coste de Adquisición del Cliente, o en inglés Cost of Customer Acquisition). Esto es, cuánto dinero nos cuesta generar un cliente de pago. Es decir, si inviertes 1000€ en una campaña publicitaria y consigues 20 clientes, el CAC de cada cliente es 50€.

Con estas dos variables verás que el Coste de Adquisición de un Cliente (CAC) debe ser menor que el Lifetime Value (LTV), ya que si el CAC es más alto que el LTV nos costará más dinero captar un cliente que lo que obtenemos de él. Es normal que en las primeras fases de tu negocio el CAC sea más alto que el LTV, ya que tus clientes necesitan tiempo para conocerte y aumentar su recurrencia de compra. Las campañas de publicidad también necesitan tiempo para optimizarse y encontrar los nichos de mercado que funcionan para tu negocio.

En los ejemplos anteriores, captar un cliente (CAC) te estaría costando 50€, mientras que en dos años te estaría reportando un valor LTV de 240€. Recapitulando:

$$\text{LTV} = \text{Gasto Medio del Cliente} \times \text{Recurrencia de la Adquisición} \times \text{tiempo de Vida del cliente}$$

$$\text{CAC} = \frac{\text{Costes totales campaña}}{\text{nuevos clientes adquiridos en ese periodo concreto}}$$

$$\text{ARPU} = \frac{\text{Total Ingresos}}{\text{Número de usuarios de pago}}$$

- **Acciones en redes sociales:** es muy habitual que las apps tengan opciones de compartir contenido en redes sociales. Estas acciones relacionadas con las redes sociales indican interés en el contenido de la app, y son perfectas para aumentar el boca a boca, formar una comunidad, y promocionar tu aplicación sin invertir en campañas de marketing de pago.
  - Total de visitas a fan page/perfil/canal.
  - Número total de "me gusta".
  - Total de comentarios en el muro.
  - Visualizaciones de vídeo.
  - Total de menciones.
  - Porcentaje de comentarios respondidos.
  - Valoración de los comentarios (positivos, negativos o neutros).

- **Tasa de retención y cancelación:** la tasa de retención es el porcentaje de usuarios que continúan usando la app después de cierto tiempo. Según Localytics, la tasa de retención media es de un 43% al mes después de la instalación. Ésta caería al 34% al segundo mes y se precipitaría al 29% al tercero. Es decir, el 71% de los usuarios de tu app dejarán de serlo a los 90 días. Para aumentar la tasa de retención y disminuir la de cancelación debes ofrecer un buen tutorial de primer uso (*onboarding*) en tu app, actualizarla con contenido nuevo, corregir los errores que encuentres... Estas acciones fidelizarán a tu público y lo harán elegirte sobre otras aplicaciones de la competencia.

$$\text{Tasa de retención} = \frac{\text{Número de clientes retenidos o renovados en el periodo}}{\text{Número de clientes en el periodo}}$$

$$\text{Tasa de cancelación (Churn Rate)} = \frac{\text{Clientes que han sido baja en el periodo}}{\text{Clientes al final del periodo}}$$

- **Experiencia de usuario:** interfaces de usuario defectuosas, errores, bloqueos... estos fallos mantienen a los usuarios alejados de tu app. Es recomendable revisar las evaluaciones y calificaciones de tus usuarios, para entender qué piensan los clientes y qué necesita una puesta a punto. Google y Apple también ponen a disposición de los desarrolladores consolas con información sobre cierres inesperados de la app (*crash*), tiempos de inactividad (*downtimes*, tiempo en que tus servidores no han estado disponibles), errores... consulta con tus programadores e intenta que no sucedan en el futuro.
  - Actualizaciones de la app.
  - Cierres inesperados (*crash*) o errores.
  - Tiempos de inactividad (*downtimes*).

8.3 Cómo *trackear* URLs de campañas de descargas

La analítica de las aplicaciones móviles se divide, principalmente, en dos grandes grupos:

- **Análisis interno de la actividad de la aplicación:** usuarios, sesiones, número de pantallas, etc.
- **Análisis de tráfico externo:** el traqueo o seguimiento de descargas provenientes de campañas es más complejo que en web. Según la plataforma y el sistema operativo, el traqueo de las URLs se realizará de una forma u otra.

8.3.1 Análisis interno

Tienes que enlazar tus aplicaciones, sean en iOS o en Android, con tu cuenta de Google Analytics. El procedimiento es distinto según sea App Store o Google Play:

- **Agregar Analytics a aplicaciones para Android:** para realizar este proceso es necesaria la participación de un desarrollador especializado que se encargue de implementar estos fragmentos de código dentro de la app y poder realizar el seguimiento de la visualización de pantallas, etc. Google proporciona instrucciones sobre su implementación.
- **Agregar Analytics a la aplicación para iOS:** al igual que en el caso anterior, para realizar este proceso necesitas un desarrollador de apps para implementar estos fragmentos de código dentro de la app. Es recomendable revisar las instrucciones para realizar el proceso.

A continuación, es necesario definir mediante programación en la app, las pantallas que se quieren *trackear* (normalmente todas) y muy especialmente los eventos a seguir (interacciones del usuario con cualquier elemento de tu app). Gracias al seguimiento de eventos, obtendrás una visión clara del uso que realizan los usuarios de tu app. Esta configuración permitirá conocer qué contenido visitan más a menudo, patrones de comportamiento dentro de una determinada sección y muchos más datos que se desprenden directamente de estas estadísticas de uso.

Una vez hayas configurado ambos procesos y testeado que funciona (consultar el segundo apartado *Probar Analytics* para *Android/iOS* en las instrucciones enlazadas en párrafos anteriores) es hora de configurar las URLs de las aplicaciones para poder hacer un seguimiento de sus descargas.

8.3.2 Análisis del tráfico externo

- **Instrucciones para traquear URLs en Android:** la medición de campañas en Google Analytics permite atribuir campañas y fuentes de tráfico a la actividad del usuario en tu aplicación. Estas opciones están disponibles para la atribución de campañas y de fuentes de tráfico en la versión 4 del Software Development Kit (SDK) de Google Analytics para Android.

  Tras la parte inicial de código, debes utilizar el generador de URLs para crear las campañas:

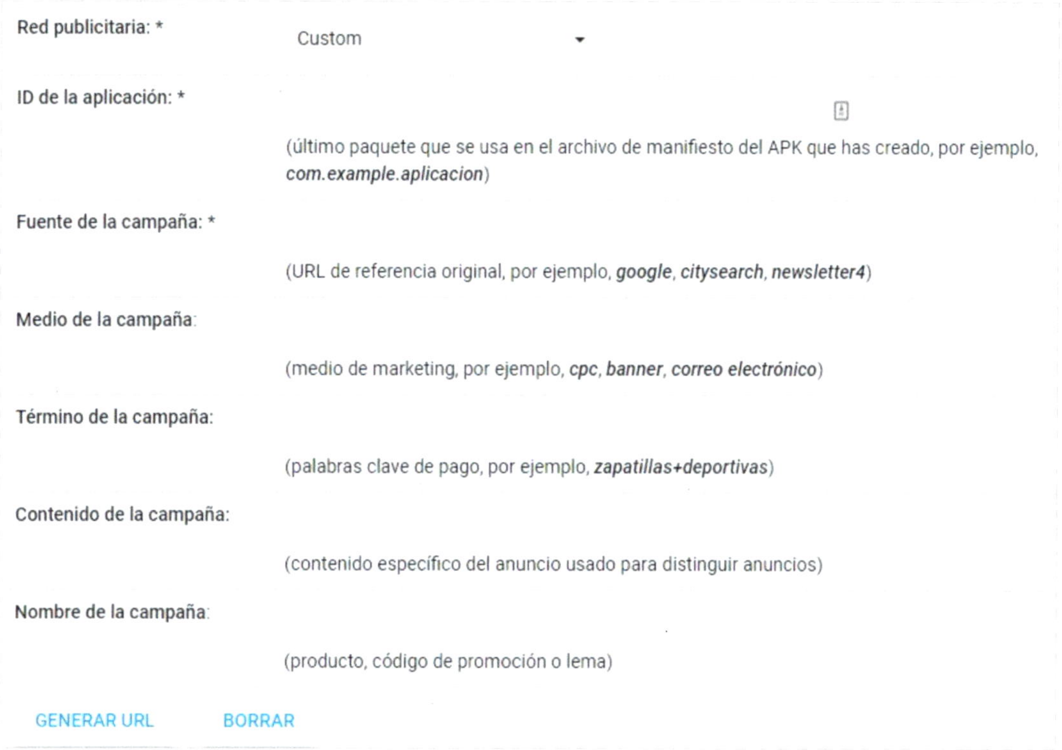

Red publicitaria: * Custom

ID de la aplicación: *

(último paquete que se usa en el archivo de manifiesto del APK que has creado, por ejemplo, *com.example.aplicacion*)

Fuente de la campaña: *

(URL de referencia original, por ejemplo, ***google***, ***citysearch***, ***newsletter4***)

Medio de la campaña:

(medio de marketing, por ejemplo, ***cpc***, ***banner***, ***correo electrónico***)

Término de la campaña:

(palabras clave de pago, por ejemplo, ***zapatillas+deportivas***)

Contenido de la campaña:

(contenido específico del anuncio usado para distinguir anuncios)

Nombre de la campaña:

(producto, código de promoción o lema)

GENERAR URL BORRAR

  Al rellenar el apartado Red publicitaria, si la app no pertenecer a ninguna red conocida como Admob, es decir, que sea un enlace de una página web, marcaremos Custom. Respecto al iD de la aplicación, lo obtendremos de la ficha de tu app en Google Play.

  Una vez hecho esto, pulsamos sobre generar URL y esa será la que debamos pegar donde corresponda.

- **Instrucciones para traquear URLs en iOS:** al igual que en los dispositivos Android, para medir el tráfico externo a tu app en Google Analytics debes insertar el SDK de Google en el código de la app.

Además, también debes utilizar el creador de URLs para poder visualizar las métricas.

Sin embargo, sucede lo mismo que en la configuración de Android: en *Red publicitaria* debemos poner la opción *Custom*. En *Método* tendrás que elegir entre redireccionar hacia una URL externa, como puede ser iTunes para descargar la app, o *Ping* y solamente tendrás que poner la ID de tu aplicación. Al visualizar los datos en Google Analytics seguimos el mismo procedimiento que con los dispositivos Android.

8.4 ¿Cómo visualizar los resultados en Google Analytics?

Para poder consultar esta información accederemos a Google Analytics y, en la columna izquierda, entraremos en el apartado de *adquisición*, sección *fuentes* y seleccionaremos *todas*:

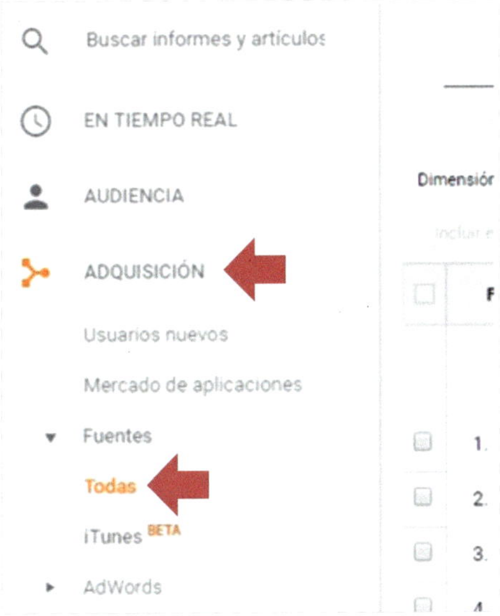

En esta sección se muestra el origen de las descargas de la aplicación. Aquellas que provengan de uno de los enlaces trackeados de Onelink (con seguimiento), herramienta que tratamos en más detalle en la página 38, y sean detectados por el dispositivo móvil (es posible que haya modelos y fabricantes que hagan que estos datos no se registren y aparezcan como not set) aparecerán en esta sección.

- **Paso 1** (con el ejemplo de la aplicación de la app Escribir bien es de Guapas): dentro de fuente/medio debemos seleccionar *AppVecinaRubia / Botón*

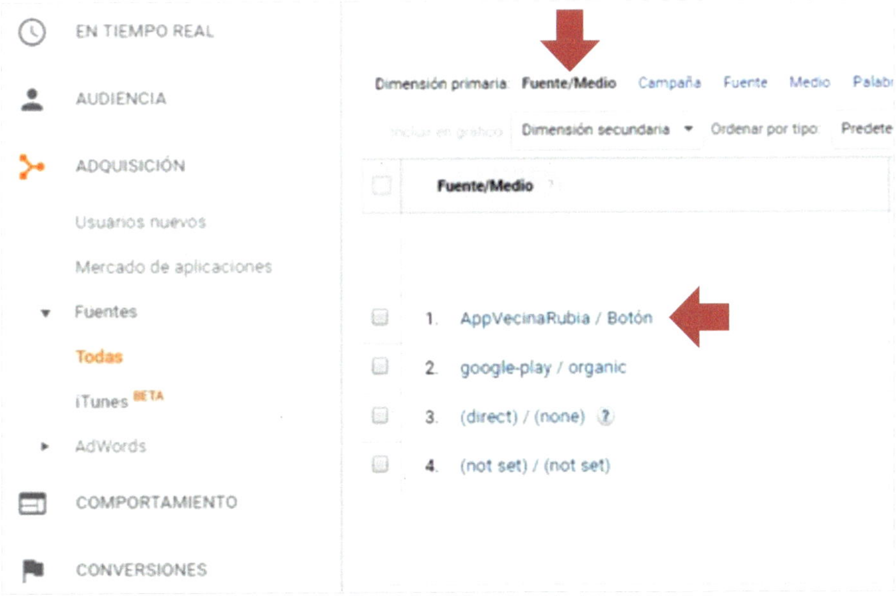

- **Paso 2:** una vez dentro, debemos indicar como *dimensión* secundaria la opción *campaña*. De esta forma, sabremos qué apps han sido descargadas desde la opción compartir de las diferentes secciones.

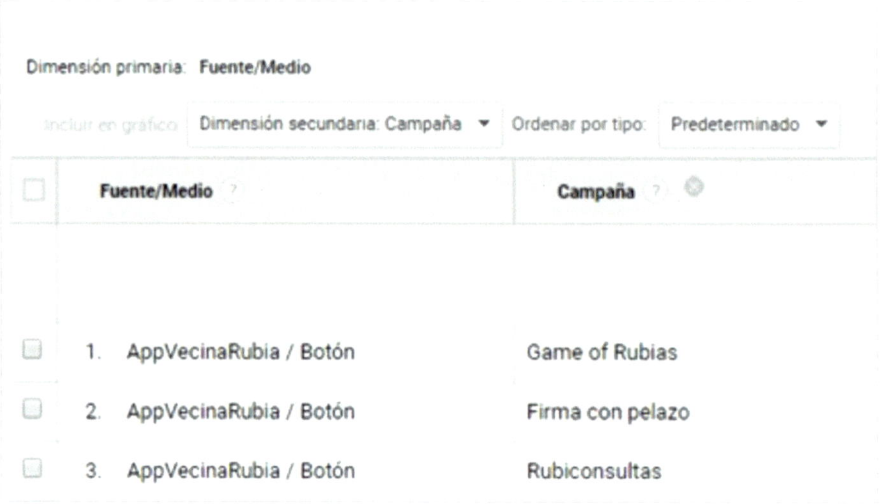

8.5 Qué es Firebase y por qué es importante

Como hemos visto en el apartado anterior, el SDK de Android e iOS es diferente. Con Firebase esto se unifica para simplificar el trabajo, pero ¿qué es exactamente Firebase?

Firebase es la plataforma de Google especializada en desarrollo y analítica de apps. Está diseñada para el desarrollo de apps de forma más sencilla y rápida. Gracias a que su API (*Application Programming Interface*) se sostiene en un solo SDK (Software Development Kit) y es bastante intuitiva, facilita la implementación y se pueden gestionar en la misma plataforma iOS, Android y Javascript. Además, se puede gestionar todo desde la nube.

Firebase aporta muchas novedades para el desarrollo de apps pero, si ya tienes tu app creada, lo que más interesa son las estadísticas y las conclusiones que podemos descubrir con Google Analytics para Firebase.

Firebase Analytics tiene funcionalidades parecidas a Google Analytics para web, pero enfocadas a app; Google Analytics tiene una clara vocación web, ya que se creó antes de la era app. Las diferencias principales son:

- **Cómo medir la interacción del usuario:** Google Analytics traza el comportamiento del usuario según pantallas (es decir, siguiendo el protocolo web), pero en app la interacción del usuario se basa en eventos como, por ejemplo, ver un vídeo, clicar varias veces en un botón o desplazar hacia abajo.
- **Conocer el comportamiento del usuario:** al tener un único SDK no se pierden datos si el usuario entra desde diferentes dispositivos o navegadores. Además, la definición del flujo de comportamiento es diferente. En Google Analytics se mide por el recorrido en las páginas y en Firebase Analytics por eventos. Para entender cómo se comporta el usuario es mucho más útil saber qué hace exactamente en cada pantalla. Además, los eventos más utilizados ya vienen por defecto mientras que en Google Analytics debes configurarlos tú.

- **La segmentación de usuarios según perfiles demográficos y, lo más importante, según los eventos que realiza en la app:** también es más sencillo, ya que tiene un apartado que se llama propiedad de usuario. En Google Analytics los segmentos son menos específicos.
- **Es más sencillo crear enlaces con etiquetas:** por ejemplo, para las notificaciones, ya que se puede hacer desde la misma página sin tener que ir a Campaign URL Builder de Google.
- **Desinstalar la app:** otra de las diferencias que más interesa es que uno de los eventos configurados por defecto es que el usuario desinstale la app, es decir, lo contabiliza como una acción. Con esto podemos ver qué tipo de usuario abandona la app y podremos entender por qué.

Para aprovechar las funcionalidades de Google Analytics para Firebase debemos instalar el SDK. Si estás usando la versión más reciente de Android Studio, puedes utilizar la función Assistant para instalar Firebase automáticamente.

De todos modos, recuerda que en la inserción de códigos es mejor apoyarse en tus compañeros/as de desarrollo app. Asimismo, deberás estar al tanto de los posibles cambios que haga Google; podrás contrastar la información en la documentación oficial de Firebase.

Cómo insertar el SDK de Firebase en Android:

1. Crea el proyecto en Firebase console. Ten en cuenta que el nombre que elijas debe agrupar todo el proyecto (Android, iOS y web).

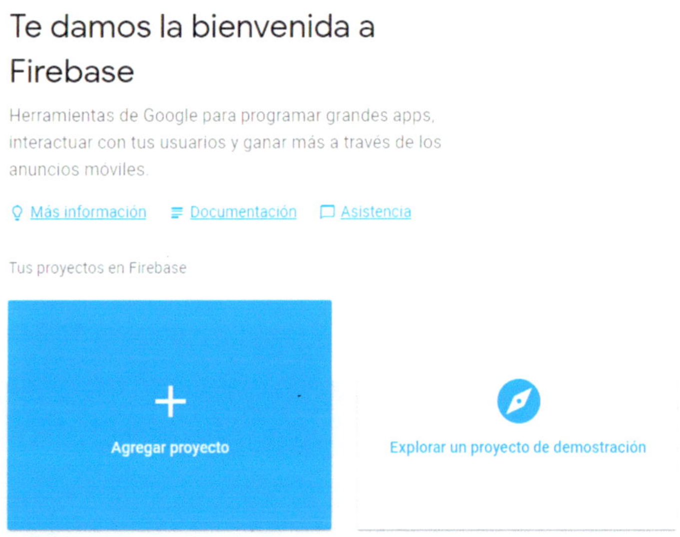

2. Haz clic en Agrega Firebase a tu app para Android

3 Después tienes que agregar la ID de la app para que funcione Firebase.

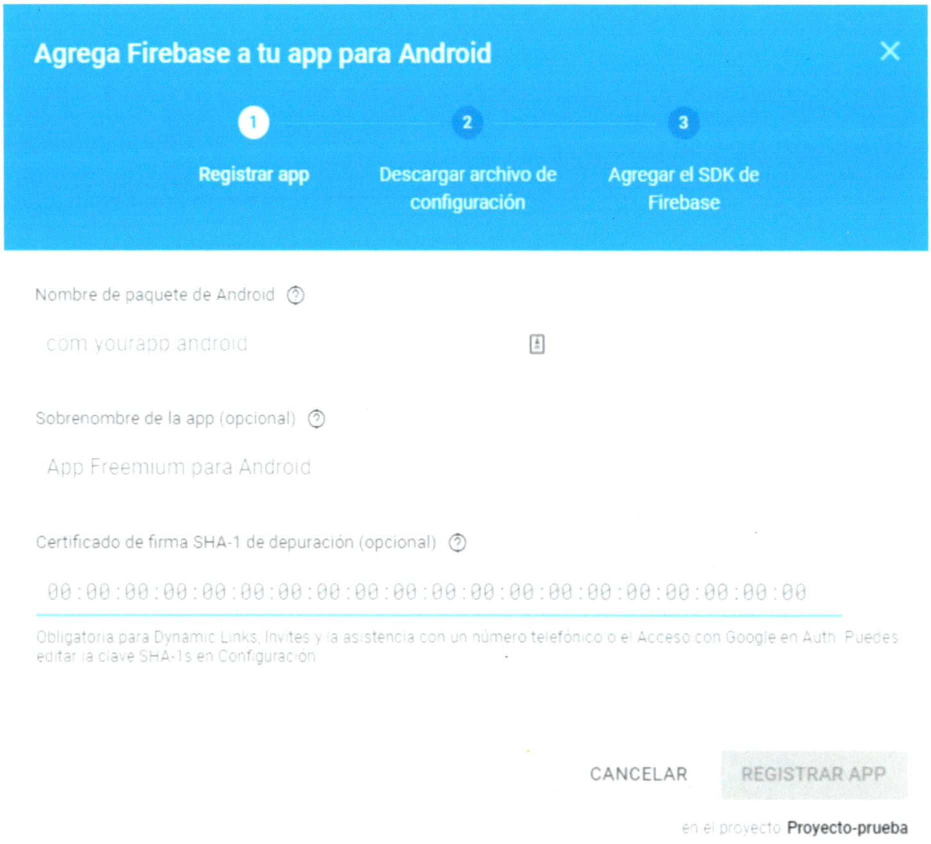

4 Cuando hayas configurado esto, podrás descargar el archivo google-services.json y tendrás que ponerlo en directorio de raíz del módulo de tu app en Android Studio.

5 Para que sea efectivo tienes que modificar los archivos build.gradle. del proyecto.

Cómo insertar el SDK de Firebase en iOS:

1. Crea el proyecto en Firebase console. Ten en cuenta que el nombre que elijas debe agrupar todo el proyecto (Android, iOS y web).

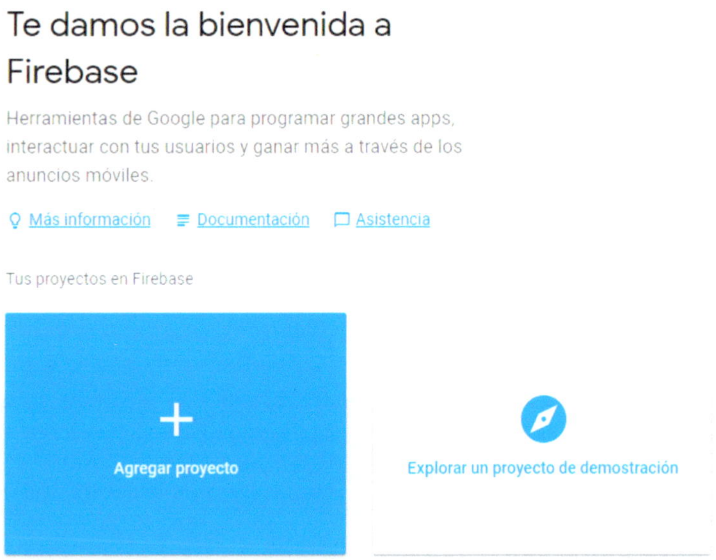

2. Haz clic en Agrega Firebase a tu app para iOS.

3. Tienes que poner la ID del paquete para iOS.

4. Después debes descargar el archivo GoogleService-Info.plis y copiarlo en la raíz del proyecto de Xcode.

8.5.1 Firebase Dynamic Links

Una de las funcionalidades que más nos interesan de Firebase a la hora de promocionar una app es Firebase Dynamic Links. Como hemos visto anteriormente, la creación de parámetros personalizados es necesario para poder medir correctamente la fuente de tráfico y el retorno de la inversión de cada campaña. Para mejorar este aspecto Google desarrolló las URLs dinámicas para Firebase. Además, si utilizas Google URL Shortener debes saber que Google ha decidido cerrarlo para usuarios anónimos y para usuarios que ya lo utilizaban dejará de estar disponible en un tiempo.

Las URLs dinámicas nos aportan varias ventajas a las personas que nos dedicamos al marketing digital porque su función principal es adaptar la URL al dispositivo desde el que el usuario abre nuestro enlace. Esto es muy interesante para campañas de Adwords, redes sociales o email marketing que llevan a productos concretos porque nos permiten simplificar el proceso de compra, saber de qué campaña o fuente viene el usuario e identificar si el proceso se desarrolla en varios dispositivos.

Si has lanzado tu app recientemente también te ayuda a conseguir más descargas puesto que si el usuario no tiene descargada la app puedes decidir si ese link le lleva a la Play Store o App Store o tu *landing page* o incluso puedes llevarle a una pantalla previa a éstas donde describas las funcionalidades de tu app. Una vez descargada le redirige a la página que quería ver. También nos sirve para personalizar la pantalla a usuarios nuevos o si llegan por contenido que otra persona les ha compartido.

Pero, ¿cómo personalizar los enlaces? Primero debes tener instalado el SDK de Firebase. Una vez esté instalado tienes cuatro formas de crearlos dependiendo de las necesidades de tu app. Por ejemplo, si vas a compartir un enlace en redes sociales o si es un enlace destinado a que circule entre personas (por ejemplo, el enlace a una noticia). Si te encuentras entre estos casos puedes hacerlo desde la consola de Firebase, mediante la API de REST para Analytics o la API de Dynamic Link Builder para iOS y Android. Eso sí, en estos casos necesitarás la ayuda del departamento de desarrollo y la documentación de Firebase para Google porque tendrás que instalar varios códigos. También puedes crearla tú manualmente, si es una URL sencilla, aunque necesitarás la ayuda del equipo de desarrollo para elegir correctamente los parámetros necesarios.

Así es cómo debería quedar una URL personalizada:

```
https://example.app.goo.gl/?link=https://www.example.com/someresource&apn=com.example.android&amv=3&ibi=com.example.ios&isi=1234567&ius=exampleapp
```

Los parámetros básicos que tienes que poner en la URL personalizada son:

- El **vínculo:** aquí debes tener en cuenta la pantalla a la que debe llevar en tu app y a la URL en la versión de escritorio. Ten en cuenta que debe usar HTTP O HTTPS y no puede ser otro enlace dinámico.
- Los **parámetros de Android:** Android tiene en cuenta el nombre del paquete de la app (que equivale al código "apn"), el "afi" que es la página a la que debe llevar si no está la app instalada (por ejemplo, la Play Store o la versión web móvil si la hay) y por último el "amv" por si necesitas que la app esté actualizada para poder abrir esa pantalla, si es así le redirigirá a la Play Store para que la actualice.
- Los **parámetros de iOS:** por una parte tenemos el paquete de la app de iOS que es el "ibi" y si el esquema URL personalizado tiene un valor diferente debes configurar el ius. Si el usuario no tiene la app instalada le llevará a la App Store, para configurarlo debes configurar el "ifl" y el "imv" por si necesita actualizar a la última versión. También debes configurar "ipfl" e "ipbi" que tienen estas mismas funciones, pero en iPads.

- Para otros sistemas operativos deberás tener en cuenta el "ofl".
- Los **parámetros de navegación** que en la url lo verás como "efr". Si se configura en "1" omite la redirección a la vista previa de la app (actualmente solo está disponible en iOS) y redirige a la app o la tienda.
- Los **parámetros de Analytics:** estos ya los hemos visto en el apartado 8.3 y debes insertarlos para poder medir en Google Analytics.

Una vez tienes configurada tu URL ya sólo te queda empezar tus campañas. Recuerda que para que tenga valor todo este proceso debes medirlo todo a través de Analytics para Firebase.

8.6 Otras herramientas de analítica

A continuación te explicamos algunas de las herramientas más comunes que te ayudarán a sacar el máximo partido a tu aplicación. Se trata de plataformas, gratuitas y de pago, que te permitirán conseguir información muy valiosa acerca de los usuarios que usan tu app con el fin de poder tomar decisiones para trazar diferentes estrategias específicas.

- **Adobe Analytics:** la marca Adobe ofrece un paquete de analítica tanto para web como para app. La sección de analítica para app está enfocada principalmente al marketing y su atributo principal es que todo se dirige a los resultados cuantitativos. El panel principal es más sencillo y parecido a Google Analytics. Ofrece métricas para segmentar con mayor profundidad al usuario y añade la posibilidad de crear perfiles de usuarios para visualizar los datos. También integra la posibilidad de crear URL personalizadas y enviar notificaciones.

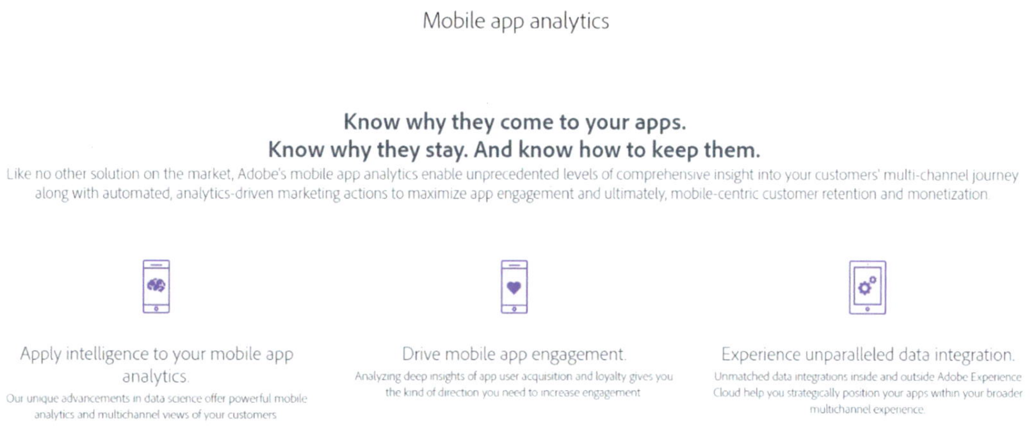

- <u>**App Annie:**</u> solución multiplataforma que se centra en el análisis de rendimiento de las tiendas de aplicaciones y no en el análisis de la propia aplicación. Una herramienta que proporciona información muy valiosa acerca de los usuarios: descargas, ingresos, calificaciones, términos de búsqueda, etc., datos realmente útiles a la hora de tomar decisiones sobre la inversión en las diferentes estrategias para lanzar e impulsar tu app.

  Se trata de una plataforma *freemium* que sin pagar te permite analizar los datos de uso de tu aplicación, pero con la versión de pago puedes obtener más utilidades como encontrar nuevos clientes, nuevos mercados, etc.

- **Apptopia:** plataforma online creada para que cualquier desarrollador o empresa pueda vender su app y cualquier persona tenga la posibilidad de adquirir una y explotarla. El objetivo es servir como punto de encuentro para facilitar las negociaciones entre una parte y otra. La web proporciona información detallada y transparente para todos los que estén interesados en comprar una aplicación. Mediante su utilización, los desarrolladores ofrecen sus aplicaciones a un determinado precio y los usuarios pueden hacer ofertas.

Si no estás interesado en la compra-venta de una app, también puedes utilizarla para obtener datos sobre algunos competidores. Puedes probarla gratis, pero es una herramienta de pago.

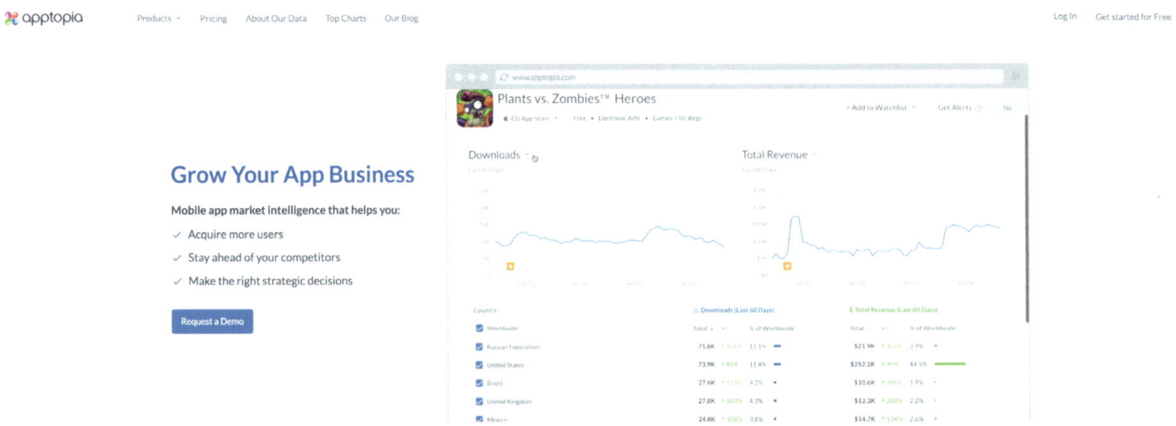

- **Emma:** plataforma de *Mobile Marketing Automation* muy avanzada que tiene un único objetivo: conseguir más y mejores usuarios recurrentes para tu app. Es una herramienta de pago con la que podrás saber dónde llegan los nuevos usuarios de tu aplicación, si tus presupuestos de publicidad funcionan y qué hacen los usuarios dentro de tu app; además de enviarles contenido personalizado de manera sencilla mediante la potencia de *Push Notifications e In-app messaging*. En definitiva, con su uso podrás crear potentes segmentos estratégicos de usuarios con más de 100 filtros para después poder diseñar y ejecutar un plan de comunicación personalizado para transformar esos usuarios en consumidores leales.

- **Onelink:** una vez tengas traqueados los enlaces de descarga de las aplicaciones para iOS y Android, puedes utilizarlos por separado o de forma conjunta mediante Onelink, un generador de enlaces cortos gratuito para descargar aplicaciones.

  Puedes generar un enlace o código QR e incluir en el mismo un enlace iOS, Android y web (entre otros). Además, si lo asocias a tu cuenta de Gmail podrás tener un histórico de las descargas y modificar los datos de forma online cuando lo necesites sin tener que cambiar el enlace original. Así el usuario es redirigido automáticamente a la *store* de su dispositivo.

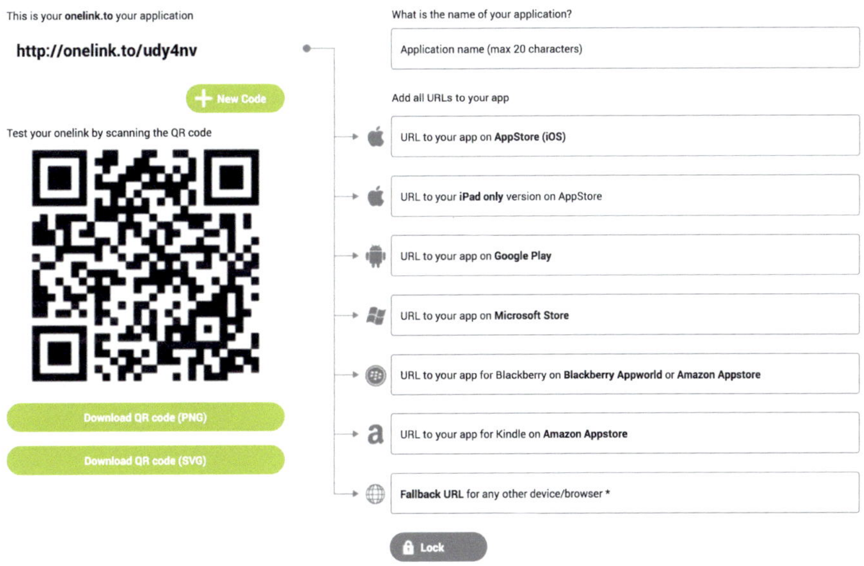

9. CAMPAÑAS DE PROMOCIÓN

9.1 Redes publicitarias online

9.1.1 Concepto de red publicitaria

Según el Internet Advertising Bureau (IAB), una red publicitaria son "Compañías que basan su actividad en la compra y venta de publicidad de terceros bien bajo la fórmula de representación en exclusiva o mediante la adquisición directa de impresiones en nombre de un tercero".

9.1.2. Modelos de negocio

Las redes publicitarias tienen 4 modelos de negocio básico con respecto a las campañas que se contratan con ellas. Dependiendo de tus objetivos, deberás elegir uno u otro:

- **CPM (Coste por Mil):** el anunciante paga por cada 1000 impresiones de su anuncio.
- **CPC (Coste por Clic):** el anunciante paga por cada clic en su anuncio.
- **CPI (Coste por Instalación):** el anunciante paga por cada instalación de su app.
- **CPA/CPL (Coste por Adquisición/*Lead*):** el anunciante paga por una acción concreta del usuario: registro, *lead*, compra...

¿Cuándo elegir cada una? Si quieres que tus anuncios tengan mucha exposición aunque no acaben generando una descarga, elige el CPM. Si lo que buscas es el tráfico a tu sitio o a las stores de descarga, y tienes una web o landing que quieras promocionar, puedes optar por un modelo CPC. Si tu objetivo es la descarga o instalación pura, el modelo adecuado sería CPI. Finalmente, si tu embudo de conversión implica una acción concreta como un registro, puedes intentar ir a un modelo CPA.

9.1.3 Principales redes publicitarias para promocionar aplicaciones móviles

La gente usa las aplicaciones móviles para mantenerse conectado, entretenerse y realizar tareas cotidianas. Durante el 2017 hubo más de 94 mil millones de descargas de aplicaciones de Google Play según Google Play Data, Global, abril de 2018.

Esto se traduce en más oportunidades para los desarrolladores. No obstante, con millones de aplicaciones en el mercado, y dado que los usuarios son cada vez más selectivos, debes dar a conocer tu aplicación en el mayor número de vías posible y los anuncios tienen que estar cada vez más trabajados para que tu aplicación se destaque.

Si hablamos de promoción de aplicaciones ponemos el foco en captar nuevos usuarios, en generar nuevas descargas o lograr nuevas interacciones con la app. En este contexto, aparecen las siguientes opciones:

- **Social Ads (Facebook, Instagram, Twitter, etc.).**
- **Google AdWords (Búsqueda y Display).**
- **Redes de publicidad móvil (Ad Networks).**

Redes publicitarias móviles:

- **AdMob:** es la plataforma publicitaria de Google que permite promocionarse dentro de los anuncios que se muestran en otras apps móviles en Android. AdMob (Advertising Mobile) permite promocionar la propia aplicación a través de campañas en otras apps al tiempo que permite conseguir ingresos y servir de escaparate para otros anunciantes, permitiendo añadir publicidad de otros desarrolladores en tu app. Es compatible con Android y iOS.

  Google está continuamente innovando y ofreciendo a los desarrolladores numerosas funcionalidades para facilitar la búsqueda de nuevos usuarios favoreciendo el descubrimiento de la aplicación. Mediante nuevas versiones, la plataforma permite mostrar contenido relevante de las aplicaciones en los anuncios de promoción. Una ventaja muy beneficiosa que optimizarán la publicidad recompensada en AdMob y aumentará la interacción de los usuarios.

  Una de sus últimas novedades es el lanzamiento de Google Play Instant, una forma más rápida de probar aplicaciones y juegos. Los usuarios podrán probar los juegos directamente desde los anuncios en todos los canales a los que lleguen las campañas de Universal Apps. Una manera muy eficaz de captar la atención del usuario y darse a conocer con el fin de incentivar las descargas.

- **Search Ads:** es la plataforma de apple para visibilizar aplicaciones en App Store para iPhone y iPad.
- **Chartboost:** plataforma a elegir si la idea es la audiencia de juegos móviles, puesto que impulsa la descarga de nuevas aplicaciones de juegos recomendados.
- **Unity ads:** permite a los editores integrar anuncios publicitarios en vídeo a los juegos móviles, aumentar la participación de los jugadores y monetizar durante el ciclo de vida del jugador.
- **Tapjoy:** es una plataforma de monetización y publicidad móvil que permite la fidelización de usuarios de aplicaciones móviles con intercambio de recompensas virtuales y contenido premium.
- **Flurry:** de Yahoo Developer Network, permite monetizar las aplicaciones móviles de los anunciantes de Yahoo, Flurry y BrightRoll.
- **MobFox:** desde MobFox puedes gestionar los anuncios en aplicaciones iOS y Android, monitorizar y recibir pagos.
- **ONE by AOL:** se trata de una plataforma abierta que conecta a las marcas con los desarrolladores de aplicaciones y editores web móviles. El programa de intercambio de anuncios móvil, DSP, plataforma de gestión de datos y soluciones de monetización permite a los anunciantes ofrecer anuncios relevantes para el público al que se dirigen. Anteriormente esta herramienta era conocida como Millenial Media, pero el cambio de nombre se ha hecho efectivo tras la compra por parte de la compañía AOL y posterior integración con su plataforma ONE for AOL.
- **Revmob:** es otra de las opciones que conecta aplicaciones con anunciantes y permite promocionar en App Store, Google Play, Amazon, Baidu, GetJar, Tencent, Samsung apps. Cuenta con una plataforma de análisis que permite analizar en tiempo real el rendimiento de las campañas. Revmob integra el SDK para agilizar los procesos de pago.
- **Tappx:** una red que permite promocionar una aplicación sin necesidad de inversión económica, ya que la moneda de cambio es la publicidad.

- **InMobi:** es una plataforma de publicidad para aplicaciones móviles que se centran en atraer clientes que estén dispuestos a usar su red, quedándose con un porcentaje de los beneficios obtenidas con sus anuncios.
- **Mobair:** proporciona tráfico de calidad utilizando anuncios nativos para captar usuarios.
- **Yeahmobi:** esta red de publicidad llega a audiencias en más de 200 países, también trabaja con público en Facebook y otras redes sociales.
- **Taptap:** es una de las mayores redes de publicidad móvil premium. Esta plataforma conecta a editores premium y marcas para maximizar la participación de los usuarios y la monetización en dispositivos móviles.

9.1.4 Formatos de anuncios

Existen diferentes formatos de anuncios publicitarios que puedes elegir. Para ello, es importante que cuentes con un diseñador gráfico que cree los diferentes banners o vídeos.

Cada formato de anuncio tiene pros y contras. Los anuncios sencillos de texto son fáciles de ejecutar pero menos vistosos. Por contra, los vídeos y banners son más vistosos y narrativos, pero menos versátiles y con más trabajo de producción.

- **Insterstitial:** un anuncio a pantalla completa que cubre toda la interfaz de la app o web por unos segundos. Ejemplo[1]:

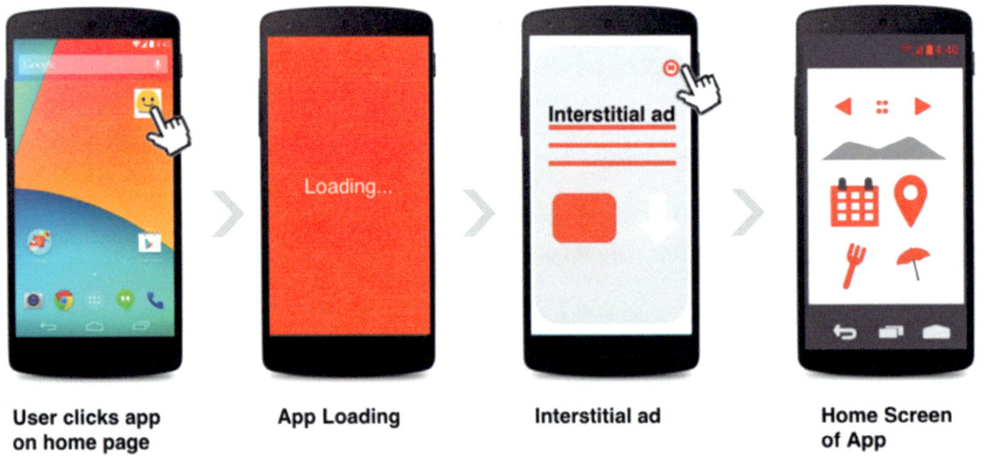

[1] https://i.stack.imgur.com/fMiru.jpg

- **Banner:** imagen estática o animada que se inserta durante la navegación. Ejemplos:

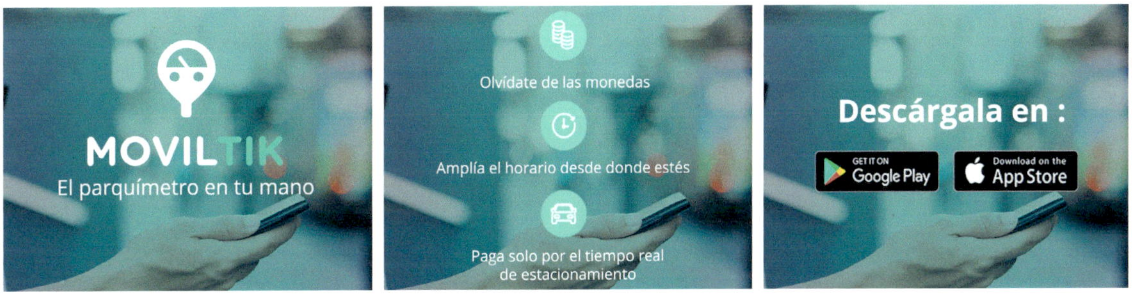

- **Native:** anuncios que copian o se adaptan al contenido que tienen alrededor. La publicidad nativa sigue la forma natural y la función de la experiencia del usuario en la que se ubica. Se utiliza principalmente en diarios y medios de comunicación. Verás este formato, por ejemplo, al final de una noticia para animarte a leer más.

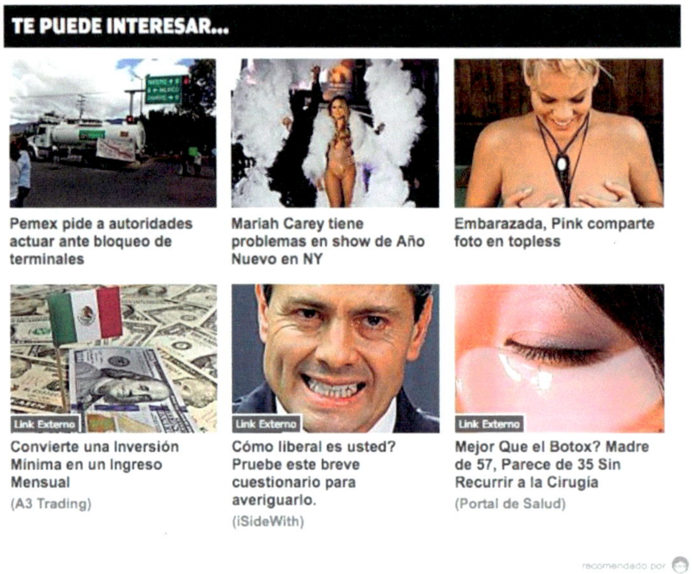

- **Offerwall:** publicidad dentro de las apps que empuja al usuario a completar tareas (instalar una app, registrarse en una web...) para tener ciertas recompensas, generalmente virtuales (monedas en un juego, etc.). Ejemplo[2]

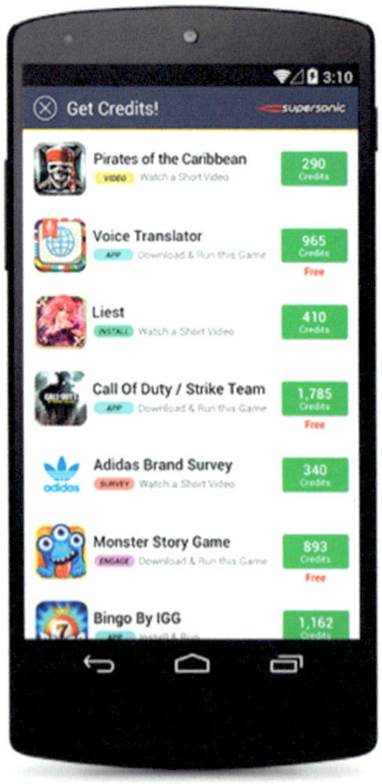

- **Vídeo:** vídeos cortos, entre 15 y 60 segundos, que anuncian productos o servicios.

[2] https://www.supersonic.com/monetization/

9.1.5 Consideraciones técnicas (SDK)

¿Qué es un SDK? Un SDK es un Kit de Desarrollo de Software que proporciona utilidades para implementar una serie de funcionalidades concretas. Son los proveedores de servicios (empresas tecnológicas que ofrecen una solución software como negocio) quienes crean y mantienen estos kits, que se incluyen en un proyecto propio como una librería (o dependencia) y, a través de los métodos que presenta el SDK en cuestión, se permite acceder a una serie de funcionalidades sin necesidad de que sea necesario programarlas de nuevo. Hay paquetes para infinidad de funcionalidades: detección de beacons, integración de servicios de redes sociales (Facebook, Twitter, Instagram...), seguimiento de campañas comerciales y un largo etcétera.

En el caso de los SDK para redes publicitarias (Ad SDK), su particularidad reside en que permiten saber si un usuario hace una acción concreta dentro de una app (registro, compra de monedas, etc...) y optimizar las campañas de pago en base a ese parámetro. También permiten enviar datos de analítica (descargas, instalaciones...) a las redes publicitarias, y por tanto esto también mejora la optimización automática de los anuncios, sobre todo en modelos CPA.

Los SDK permiten saber qué fuentes de tráfico de las diferentes redes publicitarias están consiguiendo mejores resultados en el KPI que sea relevante para tu negocio. Instalar uno o varios SDK (dependiendo del número de redes publicitarias que utilices) no siempre es obligatorio, aunque resulta muy recomendable.

9.2 Promoción en redes sociales

El consumo de redes sociales es eminentemente móvil, así que es el espacio propicio para dar a conocer nuevas aplicaciones y captar descargas de nuevos usuarios. Por tanto, la promoción es similar a la de cualquier otro producto, con la particularidad que una app permite exprimir al máximo las posibilidades de las redes.

Para determinar en qué redes sociales tener presencia convendrá centrarse en el perfil del público objetivo de la aplicación, crear los correspondientes perfiles y planificar las acciones que se ejecutarán en cada una de ellas. También es recomendable permitir que el usuario comparta la aplicación desde la propia app desarrollada a través de Facebook o Twitter.

El objetivo de la presencia en redes es generar comunidad de usuarios afines y tener claro que para retener a esos usuarios será importante que el discurso y las acciones aporten valor a esa comunidad. Sin dejar de lado la aplicación y la propia marca, esto implica enfocarse en el usuario y lo que éste busca y espera formando parte de esa comunidad de seguidores.

La presencia corporativa de una aplicación en redes requiere de inversión. A continuación se describen las posibilidades y las herramientas publicitarias que las principales redes sociales ponen a disposición de los anunciantes. Se trata de inversión publicitaria directa en forma de pago por clic, por impresiones o por descarga, pero la inversión en redes no sólo se mide en términos monetarios, hay esfuerzo orgánico que realizar: inversión de tiempo, generación de contenido, detección de oportunidades y dinamización de comunidades.

Deberás poner el foco en crear comunidades afines a temáticas vinculadas con la aplicación y centrar la actividad en la red en aportar valor con contenidos e interacciones. El objetivo es la fidelización del usuario para lograr retenerlo una vez se ha instalado la app. Que el usuario forme parte de la comunidad social de la aplicación ayuda a fidelizar. Mediante la presencia en redes se favorece que el usuario siga recibiendo contenido vinculado a la app en su muro en redes sociales y está informado de las novedades y de los comentarios y valoraciones del resto de usuarios.

Con la gestión de redes sociales se persigue invitar a los usuarios a compartir y promocionar la aplicación a través del perfil del desarrollador, si lo tiene, o a través del perfil de la propia aplicación. Existe otro público, los prescriptores, que también pueden mover la aplicación dentro de las redes, ya que suelen tener perfiles activos y volumen de seguidores.

Como acción táctica es importante la realización de un vídeo promocional de la aplicación o del desarrollador, y compartirlo en los distintos perfiles. Estos vídeos pueden ser una buena forma de presentar al usuario lo que la aplicación puede ofrecerle.

La naturaleza y características de cada red social hace que proporcionen distintas opciones para la promoción de aplicaciones.

9.2.1 Facebook e Instagram

Facebook, la red social por excelencia, permite trabajar distintas acciones para fomentar la instalación de aplicaciones:

- **CTA (Call To Action) de descarga** en las páginas de empresa mediante un enlace directo a los marketplaces para favorecer la descarga.
  - **Plataforma de anuncios en Facebook e Instagram:** los anuncios sobre la instalación de aplicaciones para móviles de Facebook permiten conectar con las personas con más probabilidades de instalar la app. Los anuncios incluyen un enlace directo a App Store, Google Play Store y Kindle Fire para que los usuarios puedan descargar la aplicación inmediatamente. Además, se pueden mostrar en Facebook, Instagram y Audience Network.

    Instagram Ads y Facebook Ads comparten plataforma publicitaria, lo que permite la gestión compartida, por lo que las opciones de segmentación que caracterizan a Facebook también están disponibles en Instagram. Las ubicaciones en Instagram son la sección de noticias e Instagram Stories.

    Entre las múltiples opciones de segmentación que permite Facebook, como anunciante interesado en promocionar tu aplicación, puedes seleccionar el tipo de dispositivo, el sistema operativo o la marca del móvil en el que mostrar tu anuncio.
  - **Promoción *In-App:*** audience Network. La promoción *In-app* es una interesante acción de promoción. La misma plataforma de gestión de anuncios, Audience Network, permite entregar anuncios no solo en Facebook sino en cualquier otra aplicación en la que el anunciante determine que se encuentra su público objetivo.

    Los anuncios de Audience Network se pueden mostrar en todos los dispositivos, en una variedad de ubicaciones tradicionales y de vídeo, por ejemplo, vídeo *instream*, con premio, *intersticial* y nativo. Cabe destacar que Audience Network permite publicitar con el objetivo de promocionar una aplicación o cualquier otro contenido publicitario.

    Independientemente del tipo de ubicación, los anuncios se ajustarán automáticamente para adaptarse al tipo de ubicación con los mismos activos de contenido usados en Facebook, aunque siempre tienes la opción de personalizar el contenido. Audience Network admite los anuncios con vídeo en una amplia variedad de ubicaciones en las aplicaciones y los sitios web de los editores que usan la red publicitaria de Facebook. La disponibilidad de estas ubicaciones varía en función de tu objetivo y contenido.

9.2.2 Twitter

Twitter permite la promoción de aplicaciones con app Card, que son tuits enriquecidos con más información. Twitter app Card permite añadir un título, la descripción, las calificaciones de la app y la previsualización de imágenes directamente desde la cronología del usuario.

La red social ofrece anuncios para dos objetivos distintos:

- **Descarga de aplicaciones.**
- **Interacción con la aplicación:** en este caso la llamada a la acción es abrir la aplicación para volver a interactuar con ella.

9.2.3 YouTube

YouTube, propiedad de Google desde 2006, es el segundo motor de búsqueda mundial. Para promocionar aplicaciones en la plataforma es necesario contar con una cuenta publicitaria de Google AdWords.

El tipo de campaña que permite promocionar la aplicación es Universal App y su configuración permite mostrar anuncios en las propiedades de Google (red de búsqueda y Display), Google Play, socios de búsqueda de Google y otros editores que alojan anuncios de apps.

Entre estas propiedades se encuentran YouTube, red en la que es más probable que los usuarios hagan clic y descarguen la aplicación. Cabe destacar que es la plataforma quien determina la ubicación en la que se mostrarán los anuncios. Google trabaja con orientaciones automáticas para optimizar la publicación de los anuncios y obtener mayores conversiones en función de la oferta de Coste Por Adquisición (CPA) o coste por instalación que se fije.

Los anuncios de este tipo de campañas enlazan exclusivamente a la ficha de la app en Google Play y App Store de Apple.

Las campañas Universal App son fáciles de crear y configurar y rápidamente comienzan a imprimirse los anuncios. Google toma los resultados como referencia. Por ejemplo, en los casos en los que el objetivo es la instalación la campaña priorizará las impresiones en las orientaciones que mejores resultados arrojen. Una vez se dispone de ese histórico es importante tomar decisiones, si Universal App está convirtiendo mejor en búsqueda, es recomendable parar la campaña de Universal App y configurar una campaña específica de búsqueda. Si por el contrario, YouTube está generando más descargas, la apuesta sería parar Universal App y crear una campaña específica de vídeo para orientar a YouTube.

Respecto al formato de los anuncios, el gestor permite cargar la app desde la plataforma que corresponda (Android o iOS) y crear los anuncios con texto, imagen y vídeo. También incorpora información de las fichas de Google Play y App Store. Al igual que en Twitter, a la hora de configurar la campaña se establece un objetivo:

- **Conseguir descargas de la app,** es decir, volumen de instalaciones.
- **Acciones en la aplicación:** para dirigirse a usuarios que tienen más posibilidades, según el histórico de Google, de interactuar con la app.

9.2.4 LinkedIn

La red profesional LinkedIn lleva años apostando por consolidarse como soporte publicitario y es especialmente recomendable para promocionar aplicaciones cuyo público objetivo sean personas de sectores concretos o cargos profesionales específicos. De hecho, el potencial publicitario de LinkedIn Ads radica en la segmentación de su base de datos.

Los anuncios impactarán a los usuarios de la red en el muro de actualizaciones. En el caso de usuarios que acceden desde PC existe la posibilidad de mostrar anuncios en la barra derecha, pero si el objetivo es la descarga directa, no sería la posición más adecuada.

En LinkedIn, como en Facebook, es posible promocionar una actualización publicada en orgánico o crear contenido específico para promocionarlo en la red. Cabe destacar que la promoción de actualizaciones se puede realizar tanto desde la página de empresa como desde las páginas de producto que pueden depender de ella.

Formatos:

- **Hay dos formatos únicamente visibles en la versión desde ordenador:** los *banners*, que aparecen en la columna derecha y destacan por ser muy visuales al tratarse de imagen y los anuncios de texto de 100 caracteres, que van acompañados de una pequeña imagen.
- **El formato de anuncios dinámicos va dirigido a personalizar los mensajes.** La plataforma utiliza la información del perfil de LinkedIn del usuario y su actividad para crear un mensaje personalizado atractivo.
- **LinkedIn presenta además una vía publicitaria interesante, los InMail patrocinados** o mensajes privados que llegan al buzón de LinkedIn del usuario. Estos mensajes sólo se entregan cuando el usuario está activo en LinkedIn, lo que permite mejorar el índice de apertura.

Respecto a la gestión de las campañas, se puede optar por autogestionar la publicidad o contratar LinkedIn Marketing Solutions, de manera que un equipo de LinkedIn gestione las campañas.

9.2.5 Pinterest

En Pinterest el 80% del tráfico en la red social accede desde dispositivos móviles. En esta red, el objetivo son las descargas. Mediante el panel de Pinterest Ads Manager se gestionan las campañas de promoción de Pins de aplicaciones con CTA destacado para la instalación de la app promocionada.

Tal y como sucede en otras redes sociales, Pinterest permite la segmentación de los usuarios según dispositivos iOS y Android.

9.2.6 Snapchat

Otra red social que permite la promoción de aplicaciones es Snapchat con anuncios dirigidos especialmente a favorecer la instalación de apps simplemente deslizando y clicando el anuncio. De hecho, si el usuario desliza hacia arriba accede directamente a la tienda de aplicaciones.

En este tipo de anuncios el formato es el vídeo vertical y permite adjuntar elementos a medida en función del objetivo.

10. COMUNICACIÓN Y RELACIONES INFORMATIVAS

La app que llevas entre manos tiene una funcionalidad tan novedosa y singular, un enfoque tan original y diferenciado o va dirigida a un público o un sector tan específico que hacen que su lanzamiento pueda ser noticiable. Entonces, además de las campañas de promoción de las que hemos hablado, debes valorar seriamente la conveniencia de elaborar una estrategia de comunicación para conectar con los medios e *influencers* como vía de prescripción, para conseguir descargas, posicionamiento ASO y/o reputación. Teniendo claro la gran saturación de mensajes a la que están sometidos y siendo honestos con el potencial de tu proyecto; de lo contrario, será una pérdida de tiempo.

- **¿Cómo elaborar la estrategia de comunicación?**
  - **Objetivos claros:** con el máximo realismo posible y según el potencial comunicativo de la app, ha de definirse si el objetivo es conseguir descargas, reputación para el proyecto o ambas cosas. Alineados con la estrategia comercial del proyecto, para contribuir a su monetización y/o notoriedad pensando, por ejemplo, en inversores actuales o potenciales.
  - **Cuál es la singularidad de la app:** si tu app resuelve una necesidad o problema concreto y común, si contribuye de forma objetiva a hacer la vida más fácil, es ahí donde tendrás que poner el foco para que medios e *influencers* puedan encontrarla noticiable. En la medida en que esa solución o funcionalidad sea más inédita y audaz, más probabilidades de captar la atención. El hecho diferencial también puede ser el enfoque de la app y el sector o público específico al que va dirigida. Por ejemplo, una funcionalidad con la que ya estamos familiarizados los usuarios que se aplica a un nuevo campo que la hace original.
  - **Ejes de comunicación:** además del mensaje principal que pretendas trasladar, al que nos hemos referido en el punto anterior, has de pensar en otros argumentos secundarios que te puedan servir como refuerzo para que medios e *influencers* se fijen en tu app. El modelo de empresa emergente o el proceso emprendedor (aunque muy manido ya), las peripecias profesionales y/o personales que pueda haber detrás del proyecto o la propia marca/producto/empresa de la que procede la aplicación pueden componer una buena historia para difundir a los medios. Descarta los argumentarios de venta con objetivos comerciales directos, así como explicitar el modelo de negocio a no ser que sea muy original y conforme la propia singularidad de la app, porque pueden resultar disuasorios.
  - **Honestidad y coherencia:** las hipérboles sin fundamento y las medias verdades son muy fáciles de detectar y generan rechazo en medios de comunicación e *influencers*. Es fundamental decir la verdad sobre tu proyecto app, la mejor versión de esa verdad, pero de manera que transmita una coherencia que lo haga no sólo atractivo, sino también creíble.
  - **¿Cómo lo hacen las apps de referencia?** Es una buena idea fijarse y tomar nota de cómo nuevas apps o proyectos que consideras de referencia están logrando conectar con los medios e *influencers* para llegar a la opinión pública: qué ideas-fuerza manejan, qué argumentario funciona mejor, cómo se visibilizan. Ya sea para replicarlo adaptado a tu proyecto en caso de que no sean competencia, ya sea para distanciarse con el objetivo de diferenciarse si consideras que lo son.

10.1 Relación con los medios de comunicación

Si ya tienes claro que tu proyecto app tiene la entidad y singularidad suficientes para convertirse en noticia en los medios de comunicación para generar lo que se conoce como *publicity*, el primer paso será seleccionar bien los destinatarios y los canales para conectar con ellos. Dependiendo del ámbito de la aplicación, del público al que va dirigida y del enfoque que le vayas a dar tendrás que apostar por medios especializados (por ejemplo, deportivos para una app sobre fútbol base), determinadas secciones de los de información general (siguiendo con el mismo ejemplo, la de deportes) o también acotar o no el ámbito geográfico (local, nacional o internacional).

Para amplificar la difusión de la app se han de incluir todos los soportes posibles: agencias de noticias, prensa escrita, televisión y radio, se entiende que con sus correspondientes canales transmedia. Es importante atender al volumen de audiencia para optimizar esfuerzos, pero también a criterios cualitativos y de oportunidad, ya que a veces los medios más pequeños o locales son los que tienen más fidelizado a su público para transmitir según qué tipo de informaciones.

Una vez seleccionados los medios a los que trasladar el lanzamiento de tu app es importante encontrar la puerta de entrada adecuada. Siempre es preferible buscar contactos directos, con los que hayas podido entablar algún tipo de relación previa en encuentros, presentaciones o incluso en redes sociales, de manera que, al conocer al remitente, pueda ver con buenos ojos tu mensaje. Como eso no es lo habitual, debes ser muy escrupuloso a la hora de rastrear, seleccionar y configurar tus listas de correos para no spamear.

A la hora de dirigirte a los medios de comunicación el formato más convencional y efectivo suele ser la nota de prensa, aunque no hay que descartar otros: más desarrollados como el dossier de prensa o más ágiles y directos, como un post en un blog que se comparte como mensaje por redes sociales (con contactos conocidos, como apuntábamos antes). Puedes utilizar plataformas de e-mail marketing como Mailchimp o Acumbamail, aunque lo más aconsejable es personalizar al máximo los mensajes para resultar lo menos intrusivo posible.

La motivación principal puede ser el lanzamiento de tu app, pero también algún hito relevante, como que haya llegado a un número de descargas muy significativo en su ámbito. En cualquier caso, lo más importante, como decíamos en el punto anterior, es tener claro qué es lo que se quiere comunicar y cuál es el objetivo del mensaje. El momento también es muy relevante: una buena táctica es adelantar a los periodistas la descarga de la app para que tengan un uso preferente a modo de exclusiva, para que puedan ejercer realmente de prescriptores.

Además de generar interés en torno a tu proyecto app con una buena información que habla de su singularidad o popularidad, también puedes recurrir o complementar con la contratación de publicidad para lanzar mensajes directos de descarga. Cuando hablamos de publicidad en medios, además de la que podemos programar a través de Google y redes sociales como hemos explicado en el capítulo anterior, nos referimos a spots (aunque los que habitualmente vemos en televisión responden al modelo de "media for equity"), publicidad en papel, cuñas de radio o banners. Pero también a formatos menos convencionales, como pueden ser los contenidos de marca ("branded content"), que buscan la afinidad de una forma más sutil, afectiva y duradera.

10.2 Conexión con *influencers*

- **¿Qué es un *influencer*?** Un "influidor" es una persona que logra notoriedad en internet y redes sociales sobre una temática concreta y que adquiere la credibilidad suficiente como para ser un prescriptor interesante para una marca, un producto o un servicio. Gestiona blogs, páginas web y, sobre todo, perfiles en redes sociales muy activas. Su vida profesional está vinculada notablemente a las entornos sociales, aunque su especialización puede alejarse del marketing online y otras especialidades similares.

  Es recomendable mantener una buena relación con los *influencers* o *bloggers* relacionados con temas de tecnología o en el área concreta de tu app. Para ello es importante tener en cuenta determinados aspectos:

  - **Ser proactivo:** es recomendable monitorizar la reputación online, determinar quiénes son los *influencers* de cada aplicación y averiguar qué dicen de ella, o de apps similares de la competencia.
  - Ofrecer a los *influencers* una **oportunidad exclusiva** es una de las estrategias para acercarse a ellos. Proporcionarles la posibilidad de probar la aplicación antes incluso de su salida a Google Play y a App Store. Sugerirles que aporten su opinión, sin necesidad que publiquen ninguna reseña en su espacio. Transmitirles que para la empresa es más importante que prueben la aplicación y opinen con confianza sobre ella, que escriban sobre ella.
  - **Escucharles:** seguir su trabajo y ofrecerles algo que realmente pueda ser de su interés.

Frenos detectados para la colaboración:

Freno a la colaboración	Argumentos
Motivos éticos	• Se siente alejado de la imagen transmitida de algunos sectores y sus marcas. • Acciones o situaciones del sector o de la marca pueden cambiar su opinión sobre la misma. • Es posible abrir las puertas a colaboraciones que puedan cambiar sus premisas, siempre que la marca esté dispuesta a variar su estrategia.
Motivos económicos	• Son conscientes de su influencia y exigen una contraprestación económica por muchas de sus colaboraciones, aunque este límite es flexible dependiendo del carácter de la colaboración.
Déficit en la comunicación	• La relación directa entre el *influencer* y la marca parece afectar de forma clara en su decisión de participar o no en una acción. Buscan un trato personalizado y que transmita confianza.
Escaso atractivo de la propuesta	• Piden que la propuesta de la marca les atraiga, independientemente de las condiciones que se ofrezcan.

De estos frenos, el que más afecta al departamento de comunicación es el tercero. Y el que más afecta a la misma marca es el cuarto. De hecho, el último freno es, en muchos casos y sobre todo en el área tecnológica, el principal a la hora de elegir participar o no en una acción o promoción.

- **¿Qué contenido no les interesa difundir?** Notas de prensa y conferencias. Son el tipo de comunicaciones que los *influencers* rechazan difundir, a no ser que se sientan partícipes de ellas desde un principio.

  Creen que no les aporta información relevante, y se sienten tratados como un medio más, sin trato personalizado y con información que creen poco importante para su público.

- **¿Qué contenido sí les interesa difundir?** Están deseando compartir experiencias con sus seguidores. Asimilan el contacto con las marcas como una oportunidad de aprendizaje y de desarrollo, que sólo es posible mediante una vivencia directa. Entienden la experiencia como una característica de la exclusividad que les aporta la marca, más allá del evento o de la propia acción que inicie la marca para promocionarse.

- **¿Qué lleva a un *influencer* a colaborar con la marca?**

  - **Aprendizaje:** los *influencers* muestran interés en aprender con cada experiencia que propone la marca y consideran que puede aportarles grandes oportunidades de conocer nuevos productos y tendencias, además de otros datos no necesariamente vinculados a la empresa.

  - **Oportunidad de generar contactos:** el contacto con las marcas y con otros *influencers* es uno de los motivos decisivos para participar en un evento. Los *influencers* ven este factor como una oportunidad de forjar nuevos contactos o consolidar los ya existentes. Además, generalmente, estas relaciones tienen eco en sus entornos sociales, lo que aumenta su difusión.

  - **Desarrollar una experiencia** interesante para él y para sus seguidores: aprecia que las marcas le ofrezcan desarrollar actividades a las que normalmente no tiene acceso. Una actividad que normalmente no realiza, aumenta la posibilidad de que participen, por curiosidad, por vivir una experiencia, y aumenta la posibilidad de difusión y amplificación en sus entornos sociales.

  - **Libertad a la hora de opinar,** publicar y valorar la marca: se sienten más cómodos en colaboraciones con marcas en las que, aunque haya algún requisito o limitación mínima, se proporcione libertad total para publicar sobre la destreza con la marca. Que les exijan un número de publicaciones durante un tiempo determinado les resulta incómodo y poco atractivo, por lo que buscan otras fórmulas y apuestan por formatos más libres. Se recomienda establecer los primeros contactos con medios y prescriptores de forma previa.

11. MANTENIMIENTO DE LA APP: CÓMO EVITAR QUE TU APP SE CONVIERTA EN ZOMBIE

El último informe de la prestigiosa agencia de mobile *marketing* neoyorquina Appboy concluye que conseguir descargas para tu app es todo un reto, pero lograr que regresen y la usen aún lo es más. Lo confirman con crudeza diferentes informes sobre tasas de desinstalación, que a continuación analizaremos para terminar con algunos consejos para evitarlas, para retener al usuario y que tu aplicación sea útil y tenga visibilidad en su móvil.

El informe, detallado por tipos de aplicación, no deja lugar a la duda. Después de la descarga de una app a menudo llega un silencio atronador, ya que la mayoría de usuarios no vuelven a ella, ni tan siquiera al día siguiente. Los 4 datos más esclarecedores de sus últimas estadísticas al respecto:

- Menos de un 25% de los usuarios vuelve a una app al día siguiente de descargársela, proporción que baja hasta el 10% a la semana siguiente.
- Los juegos para móviles son los que tienen más éxito reteniendo al usuario el día después de la instalación de una app, acercándose al 40% de retornos.
- Las apps de alimentos y bebidas muestran las tasas de retención más bajas durante la primera semana después del primer uso, aunque tienen un repunte los días 6 y 7, lo que sugiere que una parte de los usuarios ha iniciado una rutina semanal.
- Las apps de Android suelen tener tasas de retención más altas que su equivalente de iOS en la mayoría de los casos. La excepción son las aplicaciones sociales y de mensajería, donde iOS supera a Android, y las aplicaciones de medios y entretenimiento, donde iOS supera a Android después de la primera semana.

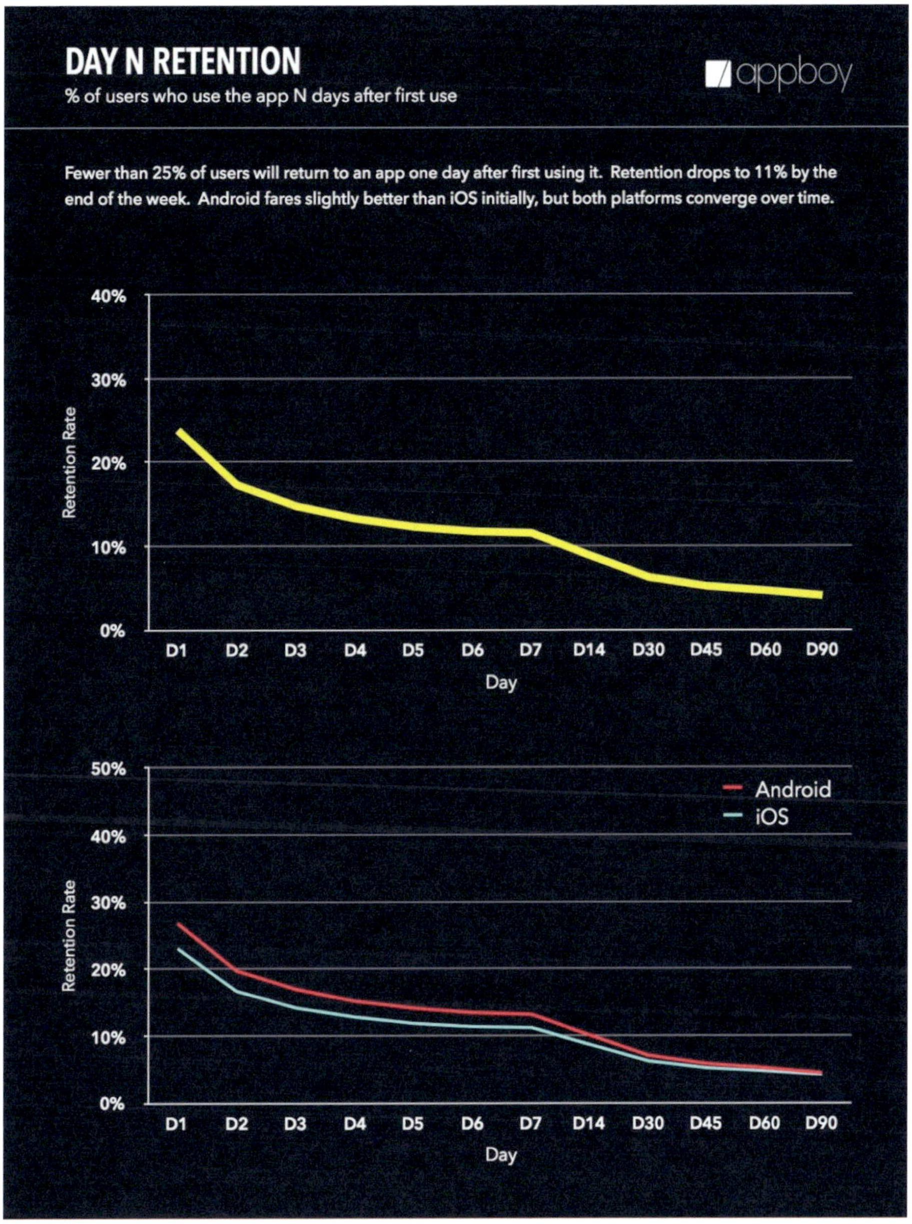

Otro informe solvente de AppsFlyer sobre tendencias de uso de las apps en los móviles revela un dato complementario que termina de poner de relieve el problema: menos del 5% de usuarios sigue usando una app un mes después de instalarla en su *smartphone*. Y, poniendo un contrapunto por sistemas operativos respecto al análisis de Appboy, sostiene que en los móviles Android se desinstalan el doble de apps que en los iPhone debido a la escasa memoria de los dispositivos de gama baja.

AppsFlyer también clasifica la *infidelidad app* por países, siendo Argentina la que registra la tasa de desinstalación más alta del mundo, con el 54% de abandonos en la primera semana, seguida de Brasil (51%), y México (50%); cuando en países como EE. UU. se queda en el 31% para usuarios Android y en el 12% para los de iOS. Por si fuera poco, debido a los problemas de espacio que trae de cabeza a muchos usuarios, proliferan en la red miles de consejos sobre cómo desinstalar apps para liberar espacio del móvil.

Además de la dificultad de que tu app sea descargada e instalada, hay mucho trabajo para mantener la mejor experiencia de usuario. Te proponemos estos 10 consejos para mantener al usuario activo:

1. **Inspirar confianza desde el primer paso:** en la bienvenida a la app hay que cuidar muy bien el diseño, solicitar al usuario los datos imprescindibles para trabajar su fidelización pero, al mismo tiempo, generar confianza y, por encima de todo, ofrecer razones de peso para volver de nuevo a la app.

2. **Usabilidad y utilidad:** es clave que el usuario tenga una buena experiencia de uso cuando accede a la app, con sencillez y pocos pasos, homologable al de las aplicaciones con las que está familiarizado, y que su utilidad sea clara y precisa.

3. **Interactividad:** si la funcionalidad está basada total o parcialmente en la interactividad del usuario de forma regular, la app logrará una retención significamente mayor. Así lo revelan las estadísticas de los videojuegos para móviles que citábamos antes. La interactividad es la inversión que más se rentabilizará en una app y lo que más costes ahorrará una vez lanzada.

4. **Notificaciones Push:** es el canal directo entre la app y el usuario, la primera herramienta de fidelización efectiva que podemos usar para persuadirlo del valor de la funcionalidad o el servicio que le ofrecemos y cómo poder aprovecharlo. La forma más fácil y económica de generar un uso recurrente de la aplicación una vez descargada.

5. **Comunicación multicanal:** pero las Notificaciones Push no logran su efectividad de forma aislada. La estrategia de comunicación con el cliente o usuario ha de apoyarse en todos los canales a tu alcance para mantenerlo involucrado: mensajes integrados en la propia app (noticias, actualidad), redes sociales, newsletter, web aparición en medios, acuerdos con influencers... De esa manera se genera recurrencia de visitas y se mantiene el ritmo de descargas.

6. **Personalización de los mensajes:** los usuarios de apps valoran mucho la personalización, especialmente los jóvenes: el 90% de los que tienen entre 18 y 34 años están dispuestos a recibir mensajes personalizados y las marcas que así lo hacen superan en un 27% las conversiones de la que no lo hacen, según cifras de Appboy. También es importante hacer pruebas y afinar el mensaje para insistir con los que mejor funcionan.

7. **"Picar" la curiosidad de los usuarios:** sobre todo en apps que tienen un funcionamiento de red social, para que la propia audiencia lleve de la mano a los usuarios al compartir contenidos o funcionalidades de la app.

8. **Actualizaciones:** si la app funciona y además renueva sus contenidos o avanza en su interactividad fidelizará mucho más al usuario y generará recurrencia. Es importante comunicarlo de forma adecuada, desde la descripción en Google Play y App Store (por ejemplo a través del campo de texto promocional de 170 caracteres) hasta las notificaciones, como apuntábamos anteriormente.

9. **Basarse en analíticas e indicadores de rendimiento:** es fundamental que todos los puntos anteriores partan en estadísticas y KPIs claros. Tanto para identificar los usuarios o clientes que empiezan a estar menos activos en la app para volverlos a vincular, como para integrar datos de la app, web, redes e incluso físicas para contar con una vista de 360º de cada cliente para saber mejor cómo retenerlo.

10. **Recursos e inversión:** la apuesta para lograr la descarga de apps sigue creciendo en todos los proyectos, pero de nada sirve si el usuario no termina utilizando la aplicación de una forma continuada. La retención y fidelización ha de ser prioritaria en cualquier proyecto de éxito

12. EPÍLOGO

Si has leído este manual posiblemente sea porque tienes en mente lanzar una aplicación o simplemente eres una persona curiosa que le encanta seguir aprendiendo día a día. Sea cual sea tu inquietud, te animamos a que emprendas nuevas andaduras.

¿Cuál es la mejor forma de denominar tu app?, ¿cómo hacer que los usuarios descubran tu aplicación en un mercado tan amplio?, ¿cómo sacarle beneficio?, ¿de qué manera puedes captar la atención de los usuarios? En este manual, elaborado con nuestra mejor intención, hemos querido compartir parte de nuestra experiencia para que te des cuenta que lanzar al mercado una aplicación con trascendencia es un proceso bastante más complejo de lo que pueda parecer a priori y que requiere de una reflexión previa.

Como habrás podido comprobar, no existe un procedimiento único sobre cómo lanzar, promocionar y monitorizar una aplicación móvil. Cada app es un mundo. Lo que importa es hacerlo de la manera más conveniente pensando siempre en el usuario final porque, al fin y al cabo, es el que realmente justipreciará tu esfuerzo.

Pero este camino no termina aquí. Tu app, por descontado, debe ir mejorando a lo largo del tiempo. El mantenimiento, la actualización y el seguimiento constante te ayudará a fidelizar tu audiencia.

*Contacta con nosotros para cualquier sugerencia: ***info@cuatroochenta.com***

13. GLOSARIO

Apps de distribución in-house. Aplicación de uso privado, que suele ser utilizada de forma interna por los empleados de una empresa o miembros de una compañía. Sinónimo de *app enterprise*.

Apps Enterprise. Aplicación de uso privado que suele ser utilizada de forma interna por los empleados de una empresa o miembros de una compañía. Sinónimo de app de distribución in-house.

ASO (App Store Optimization). Proceso que permite optimizar el posicionamiento de apps móviles en las tiendas de aplicaciones. El objetivo de la estrategia y acciones ASO es visibilizar una aplicación en los resultados de búsqueda de los marketplaces para favorecer la descarga.

ASO Off-Metadata. Son aquellos factores ASO que son más difíciles de trabajar, ya que no se pueden controlar desde las stores.

ASO On-Metadata. Son aquellos factores que se pueden controlar desde las consolas de desarrollador.

Benchmarking. Metodología de marketing que permite realizar un análisis comparativo de referentes.

Brand Content. Contenido de calidad vinculado a una marca que permite conectarla con el consumidor.

CPA (Coste por acción). El coste publicitario está basado en la realización de una acción específicamente definida por el usuario en respuesta a un anuncio.

CPC (Coste por clic). Sistema que permite a los anunciantes pujar por posiciones en los listados patrocinados en función de palabras clave relacionadas con su negocio. El anunciante paga la cantidad que ha pujado solo cuando un usuario hace clic en su publicidad.

CPI (Coste por Instalación). Modelo de precio según el cual el anunciante solo paga si el software es instalado por el usuario.

CPL (Coste por Lead). Modelo de precio según el cual el anunciante paga una cantidad fija cada vez que se le envía un contacto cualificado.

CPM (Coste por mil). Modelo de compra estándar en la publicidad interactiva. Calcula el coste de mil impresiones publicitarias.

CTA (Call To Action). Son botones de llamada a la acción que se sitúan en una página, web, una aplicación, un newsletter, etc. con el objetivo de que el usuario realice la acción destacada en el botón.

DAU (Daily Active Users). Usuarios que inician sesión en la app un día determinado.

Diseño UI. Diseño enfocado a contemplar los elementos que deben incluirse en la interfaz.

Diseño UX. Experiencia de usuario es el conjunto de elementos y técnicas aplicadas en el proceso de diseño para adaptarlo al dispositivo en el que se visualizará y con el que se interaccionará para garantizar una óptima experiencia del usuario.

Evento. Forma en la que denominamos dentro de la analítica web y app a acciones concretas que realiza el usuario como por ejemplo enviar un formulario, hacer clic en un botón, ver un vídeo o descargar un archivo.

Funnel/Embudo de conversión. Expresión que define los pasos que tiene que efectuar el usuario para cumplir un objetivo concreto de una web.

In-app. Dentro de la aplicación. Se refiere tanto a compras como a promociones que tienen lugar dentro de una app.

Influencer. Una persona que logra notoriedad en internet y redes sociales sobre una temática concreta y que adquiere la credibilidad suficiente como para ser un prescriptor interesante para una marca, un producto o un servicio.

KPI (Key Performance Indicator). Indicador clave que se expresa en cifras y permite contemplar la evolución y rendimiento de la variable que monitoriza.

Marketplaces. Sitios web en el que están publicadas las aplicaciones y desde donde los usuarios pueden instalarlas.

MAU (Monthly Active Usage). Usuarios que inician sesión una vez al mes como mínimo; son importantes para saber si la app consigue retener al usuario.

Media for Equity. Modelo de inversión mediante el cual un grupo mediático entra en el accionariado de una empresa a cambio de campañas de publicidad en sus canales.

Palabras clave. Son términos o bien frases que los usuarios utilizan para localizar información en internet y, por tanto, los elementos a través de los cuales los buscadores estructuran y categorizan la información para poder mostrar los mejores resultados según los términos clave utilizados en la consulta. Las palabras clave, a su vez, pueden ser short o long tail, conceptos que hacen referencia a la longitud del término. Las palabras clave long tail son un conjunto de términos clave o frase que los usuarios utilizan para generar búsquedas específicas sobre un tema. Las short tail son palabras clave más genéricas que acostumbran a generar mayor volumen de búsqueda aunque menos precisa.

Publicity. Lograr que los medios hablen y difundan información de tu marca sin inversión publicitaria, por el propio interés que suscita. Se trata de información para el conjunto de la opinión pública; no es necesario que vaya destinada a los consumidores de tu servicio o producto.

Push. Notificaciones Push son mensajes que la aplicación envía al móvil del usuario a través de la app.

SDK (Software Development Kit). Conjunto de herramientas que permiten al programador crear aplicaciones y utilidades en un determinado sistema operativo.

SEO (Search Engine Optimization). Posicionamiento orgánico en los motores de búsqueda en internet.

Stores. Tiendas de aplicaciones. Sinónimo de marketplace.

Trackear. Aplicar las configuraciones técnicas necesarias para hacer seguimiento de determinadas acciones que interesa medir.

Wearable. Tecnología y dispositivos que se incorporan en la ropa o complementos de los usuarios.

14. BIBLIOGRAFÍA Y ENLACES

- ***Abalit Technologies:*** Funciones de las aplicaciones móviles. Recuperado de: https://goo.gl/bjqaTk
- ***AdMob by Google.*** Recuperado de: https://goo.gl/wdkKyP
- ***Antevenio:*** Estrategias para monetizar un app. Recuperado de: https://goo.gl/eujnU1
- ***App Annie:*** The App Analytics and App Data Industry Standard. Recuperado de: https://goo.gl/4jp1aH
- ***App Developer Program***. Recuperado de: https://goo.gl/G9hgCA
- ***Appbot:*** App review & ratings analysis for mobile teams. Recuperado de: https://goo.gl/PH3VLk
- ***Apptopia:*** Mobile App Downloads. Recuperado de: https://goo.gl/dLHptf
- ***Arsys.*** Recuperado de: https://goo.gl/GGEsMo
- ***Ayuda LinkedIn:*** Crear una páginas de productos. Recuperado de: https://goo.gl/6mz5QM
- ***Ayuda de Play Console.*** Recuperado de: https://goo.gl/8eRXF2
- ***Business Pinterest:*** Pins promocionados. Recuperado de: https://goo.gl/LMyJ24
- ***Chartboost:*** The Leading Mobile Gaming Audience Platform. Recuperado de: https://goo.gl/SFaFuV
- ***Codiwans:*** Modelos de negocio y monetización basados en apps. Recuperado de: https://goo.gl/zrQwLL
- ***Códigos de países:*** Códigos de país según la norma ISO-3166. Recuperado de: https://goo.gl/smFqQs
- ***Developer:*** App Developer Enterprise Progrram. Recuperado de: https://goo.gl/WxXoQv

» *DonDominio.* Recuperado de: https://goo.gl/94idz1

» *Emma:* App Marketing. Recuperado de: https://goo.gl/QPhUdF

» *Emprendedores:* Cómo monetizar tu app. Recuperado de: https://goo.gl/9UXaga

» *Facebook para empresas:* Anuncios sobre instalación de aplicaciones. Recuperado de: https://goo.gl/SrKA8R

» *Facebook para empresas:* Facebook Audience Network. Recuperado de: https://goo.gl/s8uRW7

» *Flurry. Analytics:* Introducing the all new Flurry Analytics. Recuperado de: https://goo.gl/HbmWtW

» *Gobierno de España:* Clasificación de Niza. Recuperado de: https://goo.gl/Gi22nM

» *Google AdWords:* Acerca de los anuncios de instalación de aplicaciones para dispositivos móviles. Recuperado de: https://goo.gl/PQHZR2

» *Google Developers:* Generador de URLs de Google. Recuperado de: https://goo.gl/6fkTFa

» *Google Developers:* Instrucciones para agregar Analytics a aplicaciones para Android. Recuperado de: https://goo.gl/Tsj4j9

» *Google Developers:* Instrucciones para agregar Analytics a la aplicación para iOS. Recuperado de: https://goo.gl/vZi493

» *Google Developers:* Instrucciones para medición de campañas.Recuperado de: https://goo.gl/WVjkVH

» *Google Developers:* Medición de campañas: SDK para iOS. Recuperado de: https://goo.gl/3Xzcrz

» *Google Firebase.* Cómo agregar el SDK de administrador. Recuperado de: https://goo.gl/b8u6WK

» *Google Firebase:* Cómo compartir y vincular datos. Recuperado de: https://goo.gl/eWJ4WK

» *Google Partners:* Campañas universales de aplicaciones. Recuperado de: https://goo.gl/AmhzGA

- » ***Google Play Developer Console.*** Recuperado de: https://goo.gl/jkofG2
- » ***Google Support:*** Consulta ID de la aplicación. Recuperado de: https://goo.gl/kRbap8
- » ***InMobi.*** Recuperado de: https://goo.gl/MDYq1Q
- » ***Internet Advertising Bureau (IAB):*** Redes publicitarias. Recuperado de: https://goo.gl/9tRR9x
- » ***LinkedIn Business:*** Cómo anunciarse en LinkedIn. Recuperado de: https://goo.gl/bpX762
- » ***MobAir: :*** Mobile Advertising Platform. Recuperado de: https://goo.gl/axAPVe
- » ***Mobfox:*** Where Clever Developers Manage Their Mobile Media. Recuperado de: https://goo.gl/veoFAe
- » ***Mobile Advertising Watch:*** Redes publicitarias móviles. Recuperado de: https://goo.gl/RYJyxa
- » ***ONE by AOL***. Recuperado de: https://goo.gl/2dK6Yv
- » ***Oficina Española de Patentes y Marcas (OEPM).*** Recuperado de: https://goo.gl/YQzT3q
- » ***Oficina de Propiedad Intelectual de la Unión Europea (EUIPO).*** Recuperado de: https://goo.gl/jPXt7t
- » ***Onelink.*** Recuperado de: https://goo.gl/ajk5ca
- » ***PickASO, TheTool, Tribal Worldwide e IAB Spain.*** (2017). Manual App Store Optimization 2017. Recuperado de: https://goo.gl/3Dqiou
- » ***Revmob mobile ad-network.*** Recuperado de: https://goo.gl/JuLAeU
- » ***Rivero, Fernando.*** (2017). Informe Mobile en España y el Mundo 2017. Recuperado de: https://goo.gl/Z4RnVz
- » ***Search Ads. Apple***. Recuperado de: https://goo.gl/zg16jN
- » ***Snapchat Business Center:*** Especificaciones para los anuncios de instalación de aplicaciones. Recuperado de: https://goo.gl/Cs324j

» *TapTap*. Recuperado de: https://goo.gl/JZ9dv8

» ***Tapjoy:*** Maxium Mobile Impact. Recuperado de: https://goo.gl/h8Cy2k

» ***Tappx:*** Promoción y monetización de apps. Recuperado de: https://goo.gl/1n928e

» ***Twitter Business:*** Twitter App Card. Recuperado de: https://goo.gl/F1LKVF

» ***Unity ads.*** Recuperado de: https://goo.gl/oZLwc6

» ***Wondershare:*** Mind Numbing YouTube Facts (2017). Recuperado de: https://goo.gl/4CcQJv

» ***Yeahmobi:*** Data Driven Mobile Advertising. Recuperado de: https://goo.gl/ZLzAes

» ***iTunes:*** App Store Descargas. Recuperado de: https://goo.gl/P75SP7

15. AUTORES

Raquel Benages Vicente - *Digital Marketing Manager de Cuatroochenta*

Laura Pérez Codorniu - *Digital Marketing Manager de Cuatroochenta*

Marc Sabater Arcís - *Marketing Manager de Sefici*

Mailén Castro Molina - *Digital Marketing Assistant de Cuatroochenta*

David Hernández Beltran - *Director de Comunicación de Cuatroochenta*

16. SOBRE CUATROOCHENTA

Soluciones Cuatroochenta es una empresa líder en Business Performance Techs (BPTechs), tecnologías orientadas a la mejora de resultados en las empresas, con el foco en el desarrollo de apps y la transformación digital e implantación en Europa y Latinoamérica. Fundada en 2011 en el parque tecnológico de la Universitat Jaume I de Castellón (Comunidad Valenciana, España), Espaitec, donde se encuentra su sede central, cuenta con oficinas en Colombia (Bogotá), Italia (PoliHub de Milán), Panamá y Argentina (Buenos Aires); y un equipo de más de 60 personas para ofrecer servicios en 14 países.

La actividad de Cuatroochenta está orientada a resolver retos de optimización y mejora de rendimiento a través del desarrollo tecnológico en las empresas, ya sea a través de software o consultoría. Estos retos pueden perseguir diferentes objetivos, como mejorar ventas, optimizar procesos, reducir costes o mejorar la eficiencia en sectores como la movilidad, salud, industrial, alimentación, agropecuario, turismo, cultura, deporte, ocio y comunicación, entre otros. Además, fruto de la experiencia Cuatroochenta ha desarrollado productos propios como Sefici (optimización de procesos con tecnología app y web) y 480interactive (software para crear apps sin programar dirigido al sector gráfico y editorial).

Cuatroochenta ha desarrollado diferentes proyectos para empresas como Grupo Volkswagen, Consum, Eulen, Sociedad Española de Cardiología, etc. desarrollando y gestionando canales digitales para sus clientes que hoy suman millones de usuarios y cientos de miles de interacciones diarias. Bolsas y Mercados Españoles (BME) y la asociación de *business angels* Big Ban Angels seleccionaron en 2017 a Cuatroochenta entre las tres primeras empresas españolas para participar en Entorno Pre-Mercado, proyecto para consolidar *startups* de referencia y preparar su salida al Mercado Alternativo Bursátil (MaB).

Cuatroochenta impulsa desde 2014 su propio ecosistema de innovación y de transferencia de conocimiento de la universidad al sector productivo de su entorno:

- Blast Off Partners. Participación en la impulsora de empresas.
- Máster en Digital Development Management. Conjuntamente con la Universitat Jaume I (UJI), la primera edición se oferta para el curso 2018-19.
- Hackathon Castellón. Encuentro anual de programadores.
- MIT4. Proyecto educativo innovador en los Grados en Ingeniería Informática y Diseño y Desarrollo de Videojuegos de la UJI, premiado por la Sociedad de Ingeniería de Software y Tecnologías de Desarrollo de Software (SISTEDES).
- #EnModoAvión. Ciclo de charlas itinerante sobre el impacto de la tecnología en la sociedad para promover su uso inteligente.

Principales premios y reconocimientos:

- Premio del programa europeo Digital News Initiative (DNI) de Google por un proyecto de innovación en periodismo hiperlocal con el Grupo Zeta (2017).
- Empresa seleccionada para el primer Entorno Pre-Mercado impulsado por Bolsas y Mercados Españoles (BME) y la Asociación Big Ban Angels (2017).
- Seleccionados para el Pabellón de España en el Mobile World Congress de Barcelona (2017).
- Premio Creación de Empleo 2017 del Club de Recursos Humanos de Castellón.
- Seleccionados por el Spain Tech Center del ICEX para el Programa de Inmersión en Silicon Valley (2016).
- Seleccionados por el Ministerio de Industria para participar en el Mobile World Congress de Shanghái (2016).
- Premio Empresa Innovadora de la Comunidad Valenciana 2015-Trayectoria Empresarial. CEEI-IVACE 2015.

Made in the USA
Las Vegas, NV
03 November 2026

57421978R00043